沙拉厨房：
166道沙拉和109种调味汁

日本柴田书店　编　　张洋　译

中国轻工业出版社

目录

第3章　调味汁与酱汁

摄影　海老原俊之

设计　中村善郎　yen

编辑　佐藤顺子

　　　池本惠子

　　　二瓶信一郎

Cold Salad

食叶类、食根茎类蔬菜

香草沙拉
无肉不欢法式餐厅（マルディ グラ）

这款沙拉使用大量香菜，爽口清新，打造绝妙的平衡感让人食欲大增。

🏷️ 材料（1 盘）

香菜　5 克

罗勒　5 克

＊零陵香　5 克

荷兰薄荷　5 克

欧芹　2 克

细香葱　2 克

牛至　2 克

媒墨角兰　2 克

红葱碎　1 大匙

鱼酱香醋汁（见 170 页）　1 大匙

❌ 做法

1 将各类香草洗净，泡冷水让菜叶更加脆嫩，然后沥干水分。去除过粗的根茎部位，切成适口的大小。

2 将切碎的红葱与鱼酱香醋汁混合在一起，倒在香草上调味。

> ＊零陵香又被称为泰国罗勒。在泰国经常会用来与肉类一同炒制。带有淡淡的薄荷香气，味道十分清爽。

红枣味豆腐菠菜茼蒿沙拉

李南河韩式餐厅

豆腐拌菜的简单版。主要使用菠菜与茼蒿两种食材，让味道不过于单调，层次更丰富。豆腐在沥干时要注意力度。

🛒 材料（4 人份）

菠菜　4 棵
茼蒿　1/2 棵
腌泡汁
┌ 鲣鱼汁　360 毫升
├ 薄口酱油　60 毫升
├ 酒　30 毫升
└ 红枣　4 颗
木棉豆腐　1/4 块
薄口酱油、味醂　各少量

❌ 做法

1　将菠菜与茼蒿放入热水中烫熟，撒少量盐，防止沾水后变软。

2　制作腌泡汁。将所需调料混合，加热后静置待凉。

3　将烫熟的菠菜与茼蒿在腌泡汁中浸泡 20 分钟左右。

4　木棉豆腐上放一块重量较轻的石头，放置 15~20 分钟，令其适度脱水。

5　轻轻捏碎豆腐，均匀拌上薄口酱油与味醂调味。

6　将菠菜与茼蒿从腌泡汁中捞出，切成适口的大小，与豆腐拌在一起装盘，再浇上腌泡汁即可。

田园蔬菜沙拉

无肉不欢法式餐厅（マルディ グラ）

人气腌泡蔬菜改造成了法式风格。

🍴 材料（1 大盘）

A
- 红色、黄色彩椒丝　各 1 个的量
- 榛子油、盐、胡椒粉　各适量

B
- 韭葱段　1/3 根的量
- 烤松子碎　1 大匙
- 榛子油、盐、胡椒粉　各适量

C
- * 黑甘蓝菜碎　2 颗的量
- 白芝麻碎、花生油、盐、胡椒粉　各适量

D
- 杏鲍菇片　3 个的量
- 烤杏仁碎　1 大匙
- 核桃油、盐、胡椒粉　各适量

E
- 芥菜碎　4 片的量
- 白芝麻碎、菜籽油、盐、胡椒粉　各适量

F
- 生菜碎　4 片的量
- 白芝麻碎、开心果油、盐、胡椒粉　各适量

G
- 番茄块　2 个
- 胡萝卜块　少量
- 罗勒碎　3 片的量
- 特级初榨橄榄油、盐、胡椒粉　各适量

H
- 青葱段　1 根的量
- 大蒜末　少量
- 辣椒粉　少量
- 柠檬汁　少量
- 核桃油、盐　各适量

I
- 黄瓜条　1 根的量
- 大蒜末　少量
- 白芝麻碎、菜籽油、盐、胡椒粉　各适量

> * 黑甘蓝菜（cavolonero），非球状圆白菜，叶子呈发黑的深绿色。

❌ 做法

1 将 A-F 中的彩椒、韭葱、黑甘蓝菜、杏鲍菇、芥菜、生菜用热水迅速焯一下，浸泡冷水后，沥干水分，用各组相应的调味料分别调味。

2 G-I 中的番茄、青葱与黄瓜直接用相应组的调味料调味。

3 所有食材都要放置 30 分钟以上，充分入味。

4 将彩椒与番茄、黄瓜与生菜、韭葱与芥菜、杏鲍菇与黑甘蓝菜以及青葱，分别装盘。

奶酪菠菜柿饼沙拉

食事屋日式料理（たべごと屋 のらぼう）

用奶酪打造出西式口感。金橘清爽的香气与酸味是亮点。柿饼选择偏硬的。

🏷 材料（4人份）

菠菜　1棵
高汤　适量
薄口酱油　少量
柿饼　四五个
金橘　1/3个
南瓜子、核桃仁　各适量
番茄　1/2个
┌ 奶酪拌料　4大匙
├ 奶酪　200克
├ 薄口酱油　1小匙
└ 盐、胡椒粉　各适量

✴ 做法

1 菠菜提前烫熟，切成4厘米左右长，浸在高汤与薄口酱油混合的汤汁里，然后沥干。

2 柿饼切成1厘米左右见方的块，金橘带皮切成细丝。南瓜子与核桃仁放入烤箱内烘烤后切碎。

3 制作奶酪拌料。将奶酪在室温下软化，加入盐、胡椒粉和薄口酱油，搅拌均匀。

4 将菠菜、柿饼块、金橘、南瓜子、核桃加入奶酪拌料中，搅拌均匀。

5 切下一片番茄，摆入盘中，将步骤4制作完成的沙拉堆在番茄片上即可。

花生酱汁拌菠菜沙拉

无肉不欢法式餐厅（マルディ グラ）

印尼沙拉酱的浓香可以衬托出菠菜的甘甜。有种令人怀念的味道。

🛒 材料（1盘）

菠菜　12棵
盐　适量
花生酱调味汁（见170页）　适量

✖ 做法

1 菠菜洗净，保留红色的根部，用热盐水烫熟后放入冰水中冷却，沥干水分。

2 装盘，淋上花生酱调味汁。

烤九条葱沙拉

无肉不欢法式餐厅（マルディ グラ）

这道沙拉的主角是烤制得恰到好处的九条葱，浇上香草和香辛料香气浓郁的香醋汁，冷却后或是趁热品尝皆可，各具风味。

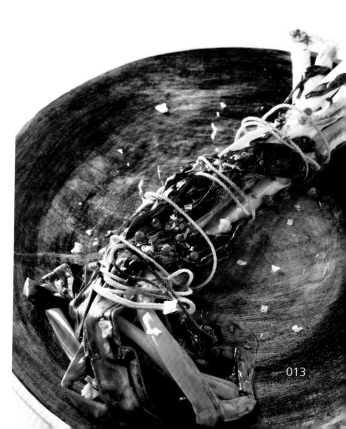

🛒 材料（1盘）

九条葱　8根
特级初榨橄榄油　1大匙
迷迭香风味香醋汁（见171页）　适量
岩盐　适量

✖ 做法

1 将九条葱对半切开，用线绑好。平底锅中倒入特级初榨橄榄油烧热，放入九条葱，煎至金黄色。

2 装盘，趁热浇上迷迭香风味香醋汁，撒上岩盐即可。

拌菜沙拉
无肉不欢法式餐厅（マルディ グラ）

一道像和食的沙拉！油拌让略苦的食材变得可口。也可点缀适量橄榄酱。

🥗 材料（1 盘）

小松菜　1 棵
血皮菜　1 棵
苦菜　1 棵
芥菜　1 棵
胡萝卜　1/4 根
培根　2 片
盐、胡椒粉　各适量
葵花子油调味汁（见 171 页）　1 大匙

✖ 做法

1 将小松菜、血皮菜、苦菜、芥菜分别用加盐的沸水烫熟，再放入冰水中冷却，沥干。切成四五厘米长。胡萝卜切成 4 厘米左右的条，用加盐的沸水烫熟。

2 培根煎至金黄焦脆，切成大片。

3 沙拉碗中倒入葵花子油调味汁，放入步骤 1 制作的蔬菜和做法 2 制作的培根，加入盐和胡椒粉调味装盘即可。

西芹茴香沙拉
无肉不欢法式餐厅（マルディ グラ）

西芹、茴香与香橙十分搭配，再配上佛手柑风味香醋汁，整道沙拉更加清爽。

🥗 材料（便于制作的分量）

西芹　2 根
茴香　2 棵
莳萝　1 大匙
香橙　2 个
盐、胡椒粉　各适量
柠檬佛手柑风味调味汁（见 170 页）　适量

✖ 做法

1 西芹、茴香切成薄片，撒少许盐，稍等后沥干水分。

2 莳萝切碎，香橙去皮后切成半圆片。

3 在沙拉碗中倒入柠檬佛手柑风味调味汁，再放入西芹、茴香、莳萝和香橙，搅拌均匀，加入适量盐和胡椒粉调味即可。

白菜蒜苗沙拉

李南河韩式餐厅

调味料的搅拌方式不同，沙拉的风味也会发生变化。白菜适当保留一些水分，口感会更好，要趁新鲜品尝。

🥬 材料（4 人份）

白菜　2 片
蒜苗　1/4 根
韭菜　1/4 根
盐　适量
白芝麻油　2 小匙
芝麻油　2 小匙
烤肉调味汁　4 毫升
药念（见 188 页）　8 克
白芝麻　适量
米醋　1 小匙

✖ 做法

1　白菜切成厚片。

2　将蒜苗与韭菜切成与白菜相同的长度。蒜苗用热水烫熟，撒盐。趁热倒入白芝麻油、芝麻油与烤肉调味汁，搅拌均匀放置 30 分钟至 1 小时。

3　将白菜、韭菜、蒜苗和白芝麻搅拌均匀，再加上药念和步骤 2 的调味汁，搅拌均匀，使其充分入味。

4　最后加入米醋拌匀提味即可。

白菜西芹脆口沙拉

春日意式餐厅（リストランテ ブリマヴェーラ）

洋溢着柚子清香，口感爽脆。因为蔬菜容易渗出水分，所以要在食用之前再浇上调味汁，趁着新鲜迅速品尝。在欧洲，白菜往往是炒制或做成沙拉食用。

🥬 材料（4 人份）

白菜叶　2 片
西芹　1 根
苹果　1/2 个
烟熏奶酪　100 克
莳萝柚子调味汁（见 176 页）　全部
盐、胡椒粉　各适量

✖ 做法

1 白菜与西芹斜切成宽 1 厘米左右的条。苹果与烟熏奶酪切丝。

2 将步骤 1 中准备好的材料放进冰箱冷藏。用于装盘的容器也要提前冷藏。

3 在步骤 2 准备好的材料中倒入莳萝柚子调味汁，搅拌均匀，加入少许盐和胡椒粉调味。

4 将制作好的沙拉装入提前冷藏好的容器即可。

甜辣白菜沙拉

美虎中餐厅

胡萝卜、苹果和芹菜让醋腌的白菜变成一道真正的沙拉。剩余的白菜芯可以当场腌渍食用。

🛒 材料（4 人份）

白菜　1/4 棵
胡萝卜　半根
盐　少量
甜醋（见 186 页）　适量
生姜　1/2 小块
花椒粒　适量
红辣椒　适量
芝麻油　4 大匙
苹果　半个
芹菜　1 根

✖ 做法

1　白菜、胡萝卜切丝。撒盐后放入
　合适的容器内用较轻的重石压住。
　等食材腌渍软烂后，沥出水分，
　放入甜醋中腌泡半天左右。

2　将步骤1中食材的水分适当沥干，
　加入切丝的生姜、花椒粒和红辣
　椒丝搅拌。浇上加热后的芝麻油
　拌匀。

3　加入切丝的苹果和长约 4 厘米的
　芹菜，拌后装盘即可。

野姜嫩姜蜜醋腌

玄斋日式餐厅

清爽可口的日式泡菜沙拉，可以作为大餐中的小配菜。如果有条件，建议使用澳大利亚原产天然蜂蜜等品质较好的蜂蜜。

🛒 材料（4 人份）

野姜　6 根
嫩姜　80 克
盐　适量
腌渍调味汁
  ┌ 水　270 毫升
  ├ 醋　270 毫升
  ├ 蜂蜜　3 大匙
  ├ 砂糖　7 大匙
  ├ 盐　1 小匙
  └ 海带　少量
红辣椒　1 根

❌ 做法

1 野姜、嫩姜清净。野姜切成四份，嫩姜切成薄片。

2 将野姜、嫩姜分别焯熟，捞出后趁热撒上适量盐。

3 将腌渍调味汁需要的材料按比例混合，煮沸后冷却至常温，加入野姜、嫩姜和去籽的红辣椒，放入冰箱腌渍半天左右，使其入味。

4 装盘，点缀少量腌渍调味汁即可。

土耳其风味冷食圆白菜卷

无肉不欢法式餐厅（マルディ グラ）

冷制圆白菜包肉惊艳登场！嫩羊肉和咖喱酱让整道菜充满了异国情调。

🛒 材料（1盘）

圆白菜　8片
嫩羊肩肉末　200克

A
- 孜然粉　1小匙
- 香菜粉　1小匙
- 肉桂粉　1小匙
- 小豆蔻粉　1小匙
- 白芝麻　1大匙
- 大蒜末　1小块
- 葱末　1小匙
- 辣椒粉　少量
- 盐、胡椒粉　各适量
- 特级初榨橄榄油　2大匙

B
- 冷米饭　150克
- 酸奶　3大匙
- 古斯古斯面（蒸熟的）　30克
- 葡萄干　20克
- 榛子油　3大匙
- 咖喱粉　1大匙
- 盐、胡椒粉　各适量
- 咖喱酱（见171页）　1大匙
- 黑胡椒碎、岩盐　各适量

❌ 做法

1　圆白菜叶片分开，用热盐水烫熟，
　　放入冰水中再取出，沥干水分。

2　在平底锅中放入嫩羊肩肉末，加入
　　A中材料煸炒后冷却。

3　将步骤2和B中的材料放在一个
　　碗中，搅拌调味。

4　用圆白菜叶将步骤3中制作的肉
　　馅包住，卷成桶状。装盘，浇上
　　咖喱酱，再撒上现磨黑胡椒碎和
　　岩盐即可。

香草海盐圣女果沙拉

玄斋日式餐厅

用琼脂和海盐包裹食材,香草的香气搭配上圣女果自身的香甜,令人感到无比愉悦。使用小粒的圣女果,一口一个,口感极佳。

🍴 材料(4 人份)

圣女果 12~16 个
香草(莳萝、法香、罗勒等) 适量
琼脂 2 大匙
海盐 1.5 小匙
水 200 毫升
柠檬皮 少量

✖ 做法

1 用热水将圣女果去皮,静置冷却。

2 在锅中加入琼脂和海盐,少量多次加水,避免结团,整体搅拌均匀。

3 小火加热,搅拌至沸腾。沸腾后立刻关火,冷却至 60℃ 左右。

4 加入切丝的香草与柠檬皮。反复加热、冷却,让温度始终保持在 60℃ 左右。浸入冷却后的圣女果,再迅速用竹扦取出,静置在餐垫上。

5 圣女果表面变硬后,放入冰水中,最后连同冰水一起装盘即可。

番茄冰沙拉

浩司五十岚蔬菜料理（コウジ イガラシ オゥ レギューム）

将番茄做成冰沙、果冻、果泥等，再搭配新鲜的番茄果泥，是一道"一菜两吃"的沙拉。如果没有桶柑，也可以用香橙代替。

🛒 材料（4 人份）

圣女果　4 个
桶柑　2 个
番茄果泥（见 174 页）　120 毫升
盐　适量
番茄冰沙　适量
圣女果　300 克
番茄　300 克
伏特加　适量
转化糖　55 克
柠檬汁　适量
海藻糖　15 克
番茄果冻
├ 圣女果（大）　3 个
├ 番茄（中）　3 个
├ 西芹叶　4~5 片
└ 明胶片　6 克
白胡椒粒　适量

❌ 做法

1 先制作番茄冰沙。将圣女果和番茄放入搅拌机搅成果泥，用布过滤。加入伏特加、转化糖、柠檬汁和海藻糖，放入冰箱冷冻，再放入冰泥机中。

2 制作番茄果冻。将圣女果和番茄放入搅拌机，搅拌成泥后用布过滤。

3 将明胶片用 500 毫升的水泡发软化，然后明火加热使其融化。加入西芹叶，煮出香气，再将步骤 2 中制作的果泥加入其中。放入冰箱冷藏。

4 将圣女果用热水烫去皮后，切成半圆形。桶柑分成瓣，剥去表面的薄皮。在圣女果和桶柑上浇番茄果泥，加入适量盐调味。

5 将圣女果和桶柑呈放射形摆放在盘子上，倒上大量番茄果冻，再把番茄冰沙放在中间，撒上少许白胡椒粒即可。

卡布里沙拉

本多意式餐厅（リストランテ ホンダ）

普通的意式沙拉仅使用番茄和马苏里拉奶酪，而这道沙拉中加入了番茄冰沙，更加冰爽。加入香菜调味，为整道沙拉增加了香辛料的刺激味道。

材料（4 人份）

意式小番茄沙拉
├ 小番茄　4 个
├ 马苏里拉奶酪　125 克
└ 特级初榨橄榄油、盐、胡椒粉　各适量
番茄冰沙　以下取 160 克
├ 番茄　750 克
├ 蜂蜜　250 克
├ 香菜子　30 克
├ 红酒醋　25 毫升
└ 特级初榨橄榄油　5 毫升
香草橄榄酱（179 页）　适量
意面青酱（179 页）　适量
番茄干　12 片
├ 新鲜番茄片　12 片
└ 砂糖　适量
油炸罗勒叶　8 片
├ 罗勒叶　8 片
└ 色拉油　适量

做法

1 先准备番茄冰沙。将番茄去皮对半切开，去掉内瓤，撒少许盐（分量外）后沥干水分。将番茄与蜂蜜、香菜子混合后在温暖的地方放置一天一夜，再沥出蜂蜜。

2 将番茄放入搅拌机搅拌均匀，过滤后加入步骤 1 沥出的蜂蜜、红酒醋和特级初榨橄榄油，倒入冰激凌机中制作成冰沙。

3 制作番茄干。番茄片放在铁板上，撒上砂糖，再加一块铁板夹住，放入预热至80℃左右的烤箱中加热 5 小时。中途可以取下上面的铁板，使其干燥。

4 制作油炸罗勒叶。将罗勒叶放入 160℃的色拉油中油炸，捞出。

5 制作传统的意式番茄沙拉。将小番茄和马苏里拉奶酪切成适口的大小。撒上特级初榨橄榄油、盐和胡椒粉调味，装盘。

6 用勺子挖出番茄冰沙装盘，用油炸罗勒叶和番茄干装饰，周围浇上香草橄榄酱和意面青酱即可。

双茄沙拉

春日意式餐厅（リストランテ プリマヴェーラ）

这道沙拉中的茄子也可以油炸处理。因为番茄决定了整道沙拉的味道，所以请尽量选择酸甜适中的番茄，加上罗勒、牛至或薄荷等香草，让整体味道层次会更丰富。

🍅 材料（4人份）

长茄子　4根
番茄　3个
特级初榨橄榄油　15毫升
白葡萄酒醋　10毫升
巴萨米克醋　少量
糖粉（或细砂糖）　少量
盐　适量
鸡杂　适量

✖ 做法

1　架起烤网，用中火将长茄子烤制金黄。趁热剥皮，然后放入冰箱冷藏。

2　番茄切块，撒上盐和糖粉，沥出水分。接着拌上白葡萄酒醋、巴萨米克醋和特级初榨橄榄油腌渍，放入冰箱冷却。

3　擦去长茄子的水汽，装盘。

4　将腌渍后的番茄与腌渍汁一起倒在茄子上，撒上切碎的鸡杂，趁着刚从冰箱拿出，温度较低时尽快食用。

茄子野姜爽口沙拉

食事屋日式料理（たべごと屋 のらぼう）

这是一道夏季限定沙拉。新鲜的茄子搭配蔬菜和鱼干，看上去十分爽口。茄子如果不够新鲜，颜色会变暗。如果没有足够新鲜的茄子，可以用不容易被氧化的水茄等代替。

🥗 材料（4 人份）

茄子　4 根
盐水（浓度 3%）　适量
紫苏叶　5 片
野姜　4 根
鱼干　10 克
鲜榨芝麻油　1 大匙
柚子醋（见 183 页）　2 大匙
白芝麻　适量

✴ 做法

1 将茄子皮削成斑驳的状态，斜切成 1.5 厘米左右宽的茄条。将茄子和盐水放入碗中，搅拌后捞出茄子，沥干。

2 将紫苏叶和野姜切成细丝，去除水分。

3 将茄子、紫苏叶和野姜盛入碗中，加入鱼干和芝麻油搅拌均匀。盛出装盘，倒上柚子醋，撒上白芝麻即可。

细意面壬生菜龙蒿沙拉

春日意式餐厅（リストランテ プリマヴェーラ）

黄瓜与龙蒿叶十分搭配。如果没有龙蒿叶，可以用薄荷代替。

🥗 材料（4 人份）

壬生菜　1/2 袋
茴香　少量
天使细面　80 克
黄瓜调味汁（见 176 页）　全量
龙蒿叶　适量

✴ 做法

1 将天使细面放入盐水中（分量外）煮 2 分 10 秒，捞出后放入冰水中冷却，然后沥干水分。

2 壬生菜放入冷水中浸泡，捞出后切成 5 厘米左右，沥干水分。茴香切成 5 厘米左右的丝。

3 容器中倒入黄瓜调味汁，放入天使细面、壬生菜和茴香。

4 最后摆上龙蒿叶即可。

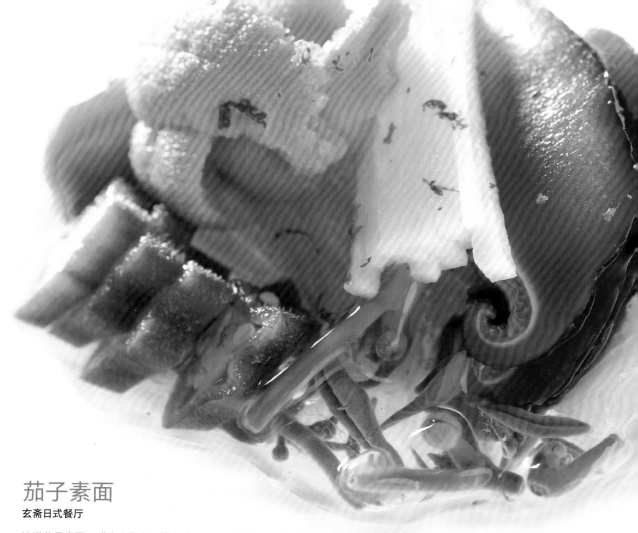

茄子素面

玄斋日式餐厅

这道茄子素面口感十分柔和。搭配略带黏性的食材，一口一口让人欲罢不能。香甜浓郁的香菇让沙拉的味道张弛有度。

🛒 材料（4 人份）

茄子　两三根
葛根粉　适量
秋葵　2 根
山药　少量
朴蕈（日本长野县特产，一种很珍贵的蘑菇）　适量
莼菜　适量
甜煮香菇　适量
├─干香菇　10 克
├─水　300 毫升
├─浓口酱油　1 大匙
├─砂糖　1 大匙
└─味酥　1 小匙
素面汁（见 181 页）适量
海胆　少量
青柚子皮　少量

❌ 做法

1 茄子去皮后切成细条，撒上葛根粉后用热水烫一下。茄子变软后捞出来放入冰水中。冷却后迅速捞出，沥干水分。

2 秋葵沾上盐，在砧板上滚一下，切成薄片。山药先切片再切成细条。朴蕈和莼菜用热水烫熟。

3 制作甜煮香菇。用水泡发香菇，去掉香菇柄。按照上述分量配制好调味汁后，加入香菇，加热，煮熟收汁。

4 将茄子、秋葵、山药、朴蕈、莼菜和甜煮香菇装盘。倒入冷却的素面汁。将少量海胆放在最上方，再撒上一些切碎的青柚子皮即可。

柚子风味韩国南瓜

美虎中餐厅

清甜爽口的韩国南瓜, 瓜肉软糯, 十分适合用作沙拉等生食。

🛒 材料 (4 人份)

韩国南瓜　1 个
柚子风味调味汁 (见 185 页)　适量
盐　少量

✖ 做法

1 韩国南瓜不用去皮, 直接切块。撒少量的盐, 使其渗出水分。

2 在碗中制作适量的柚子风味调味汁, 再倒入去除了多余水分的韩国南瓜。

3 在冰箱中冷藏半天左右使其入味。

4 装盘即可。

罗勒水果沙拉

春日意式餐厅 (リストランテ プリマヴェーラ)

这道沙拉适合作为甜点, 也适合搭配 "天使的发丝" 等冷制细意大利面。还可以用烤鱼兼做调味汁, 垫在沙拉的下方。用薄荷代替罗勒也会别有一番风味。

🛒 材料 (4 人份)

圣女果 (不同颜色)　10 个
草莓　2 个
橙子　1 个
白砂糖 (糖粉)　少量
特级初榨橄榄油　适量
罗勒　适量

✖ 做法

1 将圣女果和草莓洗净, 去掉叶子。橙子剥出果肉。

2 将所有材料切成适口的大小, 放入碗中。

3 加入少量白砂糖搅拌均匀, 加入特级初榨橄榄油, 放入冰箱冷藏 30 分钟左右。

4 盛入事先冷藏好的盘子, 再撒上罗勒叶即可。

茄子里脊沙拉
李南河韩式料理

茄子不要蒸太久。也可以用烤西葫芦代替茄子。

🛒 材料（4 人份）

长茄子　1 根
猪五花肉　80 克
蒜苗　50 克
烤肉调味汁（市售）　400 毫升
白芝麻油　100 毫升
甜酱油调味汁（见 187 页）　适量
盐　少量
白芝麻　适量

❌ 做法

1 长茄子随意竖切几道口子，大火蒸 5 分钟左右。等茄子微微开始发软，用手撕成长条。

2 将猪五花肉放入加了盐的热水中，迅速煮熟。

3 蒜苗用热水煮熟，放在烤肉调味汁和白芝麻油中浸泡10 分钟。

4 将茄子和五花肉放在一起，撒上盐、白芝麻。搭配蒜苗，浇上甜酱油调味汁即可。

金橘生姜沙拉
美虎中餐厅

成熟的大个金橘，用调味汁轻轻调味即可。正是因为简单，才能凸显食材本身的美味。

🛒 材料（4 人份）

金橘　10 颗
生姜调味汁（见 186 页）　适量
欧芹　少量

❌ 做法

1 金橘洗净，切成两三毫米厚的片，去掉种子。

2 将金橘与生姜调味汁拌匀，装盘，点缀少许欧芹即可。

欢聚沙拉

无肉不欢法式餐厅（マルディ グラ）

浓郁的牛油果与辛辣的香辛料巧妙搭配，集中了多种口感与味道。

🥗 材料（便于制作的量）

牛油果（全熟）　2 个
奶酪　20 克
A
├ 红洋葱碎　1/4 个
├ 香菜叶碎　10 克
├ 孜然粉　1 小匙
└ 盐、胡椒粉　各适量
新鲜番茄调味汁
├ 番茄　1 个
├ 红洋葱　1/4 个
├ 意式欧芹碎　1 大匙
├ 墨西哥辣酱　适量
└ 盐和胡椒粉　各适量
油炸面包丁　适量
可可粉　少量

❌ 做法

1　使用专用的去皮器将牛油果去皮，保留皮下果肉厚度约 5 毫米。

2　刮下牛油果皮上带着的果肉，与奶酪充分搅拌成糊状。

3　把步骤 1 中取出的圆形牛油果肉放入碗中，用步骤 2 的牛油果奶酪糊和材料 A 混合，调味。

4　制作新鲜番茄调味汁。将番茄切成小块，顺次加入切碎的红洋葱、意式欧芹、墨西哥辣酱并搅拌，再加入盐和胡椒粉调味。

5　将干净的牛油果皮放在盘子上，放入牛油果泥和新鲜番茄调味汁，最后撒上油炸面包丁和可可粉即可。

菜花牛奶布丁沙拉

本多意式餐厅（リストランテ ホンダ）

用菜花制作一道绵软可口的布丁。为了让菜花的清甜味道更明显，还用鱼子酱的咸与番茄的酸作为搭配。

🥗 材料（4 人份）

菜花布丁
┌ 菜花　295 克
│ 鲜奶油　100 克
│ 牛奶　150 克
│ 明胶片　5.5 克
└ 盐　适量
玉米笋　4 根
菜花　4 小棵
西蓝花　4 小棵
蚕豆　4 粒
小萝卜　2 个
小红萝卜　2 个
番茄调味汁（见 177 页）　60 毫升
鱼子酱　16 克
法国欧芹　少量

❎ 做法

1 首先制作菜花泥。将菜花放入热盐水中煮熟，沥干水分后，用搅拌机搅成泥状。

2 明胶片用水泡软，加入温牛奶融化。

3 将菜花泥、鲜奶油和牛奶明胶搅拌均匀，加少许盐调味。

4 连同容器一起放在冰水中，不断搅拌直至冷却，用漏斗注入容器中。放在冰箱里冷藏，制成菜花布丁。

5 玉米笋、菜花、西蓝花、去壳的蚕豆和小萝卜，都先用盐水烫煮一遍，切成适口的大小。小红萝卜对半切开。

6 将菜花布丁扣在盘子上，上方点缀鱼子酱，周围浇番茄调味汁。再用步骤 5 里的蔬菜装饰。最后搭配适量法国欧芹即可。

春季时蔬沙拉

浩司五十岚蔬菜料理（コウジ イガラシ オゥ レギューム）

本道沙拉选用了充满春天气息的绿色蔬菜，嫩洋葱的鲜嫩口感与清爽的调味汁十分搭配。

🛒 材料（4人份）

带茎的西蓝花　4个

嫩芦笋　4根

四季豆　100克

油菜花　4根

珍珠洋葱　4个

野蒜　4瓣

蚕豆　12颗

意大利白醋汁（174页）　50毫升

紫芜菁、底特律甜菜、茼蒿　适量

盐、胡椒粉　各适量

嫩洋葱调味汁（见174页）　120毫升

紫苏香油（见173页）　适量

✖ 做法

1 将带茎的西蓝花、嫩芦笋、四季豆、油菜花、珍珠洋葱、野蒜、蚕豆分别用盐水煮熟，捞出沥干。蚕豆去皮。

2 稍稍放凉之后倒入碗中，加入意大利白醋汁搅拌，再加入盐和胡椒粉调味。

3 在盘子里倒上嫩洋葱调味汁，将步骤2完成的蔬菜放在调味汁中间。

4 摆上紫芜菁、底特律甜菜和茼蒿，撒上蚕豆，倒上紫苏香油即可。

腌煮时蔬沙拉

浩司五十岚蔬菜料理（コウジ イガラシ オゥ レギューム）

用腌泡调味汁煮熟的蔬菜制作的沙拉，夏季多以番茄和黄瓜等果类蔬菜为主，春天则以时蔬为主。加上贝类也十分美味。

🥗 材料（便于制作的量）

煮蔬菜
- 藕　2 根
- 西葫芦　3 根
- 花菜　1 棵
- 胡萝卜（小）　3 根
- 红、黄彩椒　各 3 个
- 萝卜　3 个
- 野姜　3 袋
- 玉米笋　3 袋
- 西芹（粗）　3 根

腌泡调味汁
- 花生油　400 毫升
- 柠檬汁　200 毫升
- 盐　55 克
- 砂糖（半纯化）　20 克
- 白葡萄酒醋　100 毫升
- ＊阿尔萨斯香醋
- 百里香 1/5 包
- 月桂两三片

番茄　3 个
菊苣　3 个
黄瓜　3 根
盐、胡椒粉　适量
柠檬风味的特级初榨橄榄油　适量
特级初榨橄榄油　适量
香草奶油调味汁（见 173 页）　适量
法国欧芹、月桂（装饰用）　适量
粉红胡椒碎　适量

＊阿尔萨斯香醋，法国阿尔萨斯地区的醋。添加了蜂蜜和香草汁。酸味不重，甜味突出。使用方法与一般醋类相同。

✖ 做法

1 藕切成适口的大小。

2 在锅中倒入切好的藕和腌泡调味汁，再加入其他切好的蔬菜，加热。

3 等锅盖开始发烫，立刻关火，加热 20 分钟，关火闷五六小时，重复两次。这种加热方式可以让蔬菜中渗出的水分和腌泡调味汁充分混合，汤汁香气浓郁。多煮一段时间更加入味。注意，不要一开始就加很多水长时间煮，这样容易破坏蔬菜的口感与风味。第二天，蔬菜的味道就非常浓郁了。

4 装盘前时，将蔬菜和少量的汤汁一同放在碗中，搭配切成半圆的番茄块和适口大小的菊苣、黄瓜，加盐、胡椒粉和柠檬风味的特级初榨橄榄油，搅拌均匀使其发生乳化效果。

5 将步骤 4 完成的蔬菜装盘，浇上适量的香草奶油调味汁和特级初榨橄榄油，装饰上法国欧芹和月桂，再撒一些粉红胡椒碎即可。

西班牙冷汤

浩司五十岚蔬菜料理（コウジ イガラシ オゥ レギューム）

各色蔬菜与红椒调味汁，自然混合形成番茄冷汤的口感。没有使用大蒜，整体口味更加清爽。

🛒 材料（4 人份）

茄子　2 根
油炸用油　适量
＊肉汁　200 毫升
明胶片　4 克
洋葱　1/2 个
西葫芦　1/2 根
黄彩椒　1/2 个
黄瓜　1 根
番茄　2 个
特级初榨橄榄油
盐、胡椒粉　各适量
红椒调味汁（见 173 页）　80 毫升
紫苏香油（见 173 页）　适量
罗勒　12 片
粉红胡椒粒　适量

✖ 做法

1 将茄子低温油炸，趁热去皮，撒上大量的盐，加入泡发软化后的明胶片与肉汁一同炖煮。

2 向锅中倒入特级初榨橄榄油，加入切成了合适大小的洋葱、西葫芦和彩椒，炒至金黄，在保留其本身口感的基础上关小火，加入盐和胡椒粉调味。

3 黄瓜沾上盐后，用汤匙随意切割成合适的大小。

4 在盘子里倒上红椒调味汁和紫苏香油，再放上茄子、洋葱、西葫芦、黄彩椒、黄瓜、和切成半圆形的番茄。罗勒撕碎后撒在上面，再撒上现磨的粉红胡椒碎即可。

> ＊肉汁
> 使用 1 千克牛蹄腱肉沫，150 克蛋清，切成薄片的香味蔬菜（3 个番茄、1/2 个洋葱、1/2 个胡萝卜、1/2 根西芹、韭葱 1/5 根）混合均匀。加上 4 升肉汤（制作方式见 114 页）和香料包后开小火煮沸，煮沸后在肉沫中间挖一个洞，让整体汤汁对流，持续煮约 3 小时。用布滤出汤汁。

柿子芜菁章鱼沙拉

李南河韩式料理

柿子的淡淡清甜与焯过的章鱼的爽脆口感相得益彰。搭配梨子、芒果、木瓜和香橙等食材也十分合适。为了保留芜菁的自然口感，腌的时间不要过长。

🥘 材料（4 人份）

章鱼足　100 克

牡蛎　1/2 个

芜菁　1/3 个

芝麻油　2 大匙

大蒜末　2 片的量

盐、胡椒粉　各少量

醋味韩式辣酱（见 188 页）　4 大匙

芝麻油　适量

柠檬　1/2 个

白芝麻、胡椒碎　各少量

欧芹　适量

❌ 做法

1 章鱼足去掉外层薄膜，切成厚片，开水焯制。

2 牡蛎与芜菁切成半圆形，用少许盐腌制 15 分钟左右。

3 将章鱼、牡蛎与芜菁混合，加入芝麻油和蒜末搅拌均匀。用盐和胡椒粉调味。

4 在容器中倒入醋味韩式辣酱和芝麻油，将步骤 3 制作的成品装盘。再撒上白芝麻碎和胡椒碎，搭配柠檬，用少许欧芹做装饰即可。

白芝麻秋柿茼蒿豆腐沙拉

食事屋日式料理（たべごと屋 のらぼう）

豆腐两次过筛，口感更加柔和，搭配无花果、金橘、草莓等水果也十分合适。

🍱 材料（4 人份）

柿子　1 个
茼蒿　1 把
调味汁
┌ 高汤　100 毫升
└ 浓口酱油　2 小匙
豆腐泥　4 大匙的准备量
┌ 木棉豆腐　1 块
├ 白芝麻碎　30 克
├ 盐　适量
├ 薄口酱油　2 小匙
└ 黄砂糖　20 克
苹果　1/2 个
白芝麻　适量

❌ 做法

1 柿子去皮，切成适当的半圆形。

2 茼蒿的茎切成 4 厘米左右，和叶子和分别用热水烫熟后放入冰水冷却。在高汤和浓口酱油调制的调味汁中迅速浸泡一下，沥干。

3 制作豆腐泥。将沥干的木棉豆腐两次过筛，打造柔滑的口感，然后加入白芝麻、盐、薄口酱油和黄砂糖搅拌均匀。

4 在上菜前，将豆腐泥和柿子、茼蒿搅拌在一起。

5 装点上切片的苹果，撒上白芝麻即可。

食根茎类蔬菜

生姜胡萝卜香橙沙拉
春日意式餐厅 (リストランテ プリマヴェーラ)

这道沙拉最适合在胡萝卜最美味的冬天制作。为了不破坏胡萝卜本身的味道,搭配了口味清淡的调味汁。生姜风味调味汁是提味的关键。

🥕 材料 (4 人份)

胡萝卜　1 根
香橙　2 个
生姜风味调味汁 (见 175 页) 全量
盐　适量

❎ 做法

1　胡萝卜去皮,用粗孔蔬菜刨制作成较粗的胡萝卜丝。

2　香橙去皮,取出果肉。

3　将处理好的胡萝卜和香橙放入碗内,加入生姜风味调味汁和盐调味。因为胡萝卜易出水,所以可以在食用之前调味。也可将调味汁单独装盘,端上桌后再搅拌。

芜菁乌鱼子沙拉

玄斋日式餐厅

乌鱼子本身有咸味，所以芜菁和海带可以不用多加盐。羽衣甘蓝和抱子甘蓝杂交出抱子羽衣甘蓝（法语：Petit Vert，意为"小小的绿色"）的淡淡苦味也是这道沙拉的点睛之笔。

🛒 材料（4 人份）

小芜菁　一两个
盐　少量
海带　适量
乌鱼子　8 块
抱子羽衣甘蓝　8 个
蛋黄醋（见 180 页）　适量
鲑鱼子　适量

✖ 做法

1 小芜菁修剪掉叶子，留下少许茎部。叶子用热水焯一下，迅速放入冷水中，再沥干水分。抱子羽衣甘蓝也同样焯水后放入冷水，再取出沥干。

2 小芜菁去皮后切成半圆形。撒上盐腌一段时间后，和叶子一起用海带包裹起来（用海带包在外层，放入适合的容器中用重石压住）。

3 将乌鱼子切成薄片。去除多余水分，和步骤 2 中包好的小芜菁交替装盘。

4 小芜菁的叶子打结，摆上鲑鱼子。

5 搭配抱子羽衣甘蓝，然后分别淋上蛋黄醋即可。

甜菜贝壳芜菁孔泰奶酪沙拉

浩司五十岚蔬菜料理（コウジ イガラシ オゥ レギューム）

这道沙拉选取的都是和甜菜十分搭配的食材。甜菜经过慢火烤制，其独特的香甜味道得以凸显。松露调味汁则让整体的味道更加统一。

🛒 材料（4 人份）

甜菜（中等大小） 1 个
芜菁（中等大小） 2 个
扇贝柱 4 个
* 孔泰奶酪 100 克
羊莴苣、芝麻菜、菊苣、底特律甜菜、
欧芹等 适量
黑松露 10 克
** 竹炭盐 适量
盐、胡椒粉 各适量
雪莉酒醋调味汁（见 173 页） 30 毫升
松露调味汁（见 172 页） 20 毫升

✖ 做法

1 将整个甜菜连同外皮一起用锡纸包裹，放入 200℃的烤箱中烤制 1 小时。

2 芜菁去皮后切成厚度 5 毫米的薄片，撒上盐腌制。扇贝柱切成厚五六毫米的薄片。

3 将甜菜和孔泰奶酪处理成厚二三毫米的薄片，用模具制作成与芜菁和扇贝柱相同的形状（步骤 2 和步骤 3 的食材分别准备 12 片）。

4 将甜菜、扇贝柱、芜菁与孔泰奶酪呈圆形摆在盘子，中间位置放羊莴苣、芝麻菜、菊苣、底特律甜菜、欧芹等，撒上切碎的黑松露。再撒上竹炭盐和胡椒粉调味。

5 将步骤 3 剩下的甜菜切碎，与雪莉酒醋调味汁混合，搅拌均匀。然后和松露调味汁一起浇在沙拉周围即可。

> * 孔泰奶酪，法国汝拉山脉原产地控制命名标志 (AOC) 认证的奶酪。是使用鲜牛奶制作的硬质熟成型奶酪。一般呈直径 60 厘米、高 10 厘米、重约 40 千克的圆盘形。
> ** 竹炭盐是将盐与竹炭一同烤制成的，咸味比较柔和。

罗勒酱芜菁水果番茄沙拉

食事屋日式料理（たべごと屋 のらぼう）

使用市面销售的罗勒酱，这道沙拉十分容易制作。香气清爽，用来搭配鱼肉料理也很适合。

🛒 材料（4 人份）

芜菁　三四颗
盐　适量
水果番茄　4 个
黄彩椒　2 个
罗勒调味汁（见 183 页）　2 大匙

❌ 做法

1 芜菁切除叶子的部分，留下少量茎部，切成半圆形后撒上盐腌制 30 分钟，沥干水分。

2 水果番茄切成半圆形。

3 在碗里放入罗勒调味汁、芜菁和水果番茄，混合调味。

4 黄彩椒用热水焯一下，对半切开，作为容器，盛入上一步制作的沙拉即可。

壬生菜雪莲果蒸鸡肉沙拉

食事屋日式料理（たべごと屋 のらぼう）

雪莲果有一种类似梨子的清甜味道，与香醇浓厚的芝麻酱十分搭配。

🛒 材料（4 人份）

壬生菜　1 把
雪莲果　1 个
鸡胸肉　100 克
芝麻调味酱（见 182 页）　2 大匙
白芝麻　适量

❌ 做法

1 将壬生菜切成四五厘米长。雪莲果去皮后切成长 4 厘米左右的细丝。

2 鸡胸肉蒸熟后，用手撕成便于食用的大小。

3 将壬生菜、雪莲果、鸡胸肉放入碗中，加少量的芝麻调味酱搅拌均匀。放入盘中，撒上白芝麻，在旁边盛芝麻调味酱（或者浇在上面）即可。

油浸三文鱼芜菁沙拉

浩司五十岚蔬菜料理（コウジ イガラシ オゥ レギューム）

这是一道能够充分发挥芜菁美味的沙拉。保留油浸烟熏三文鱼的鱼皮，可以将皮煎至酥脆打造不同口感。还可以直接使用市面销售的油浸烟熏三文鱼，切成合适的形状，搭配调味汁一同食用。

🛒 材料（4 人份）

芜菁　1 个
红、黄芜菁　各 1 个
小芜菁　1 个
蜂蜜柠檬调味汁（见 172 页）　500 毫升
油浸烟熏三文鱼　4 块
三文鱼（菲力）　约 1.5 千克

A
┌ 盐　100 克
├ 香草粒（莳萝等）　适量
├ 柠檬片　适量
├ 香菜　10 克
├ 白胡椒颗粒　10 克
├ 特级初榨橄榄油　适量
├ 鳟鱼子辣酱油（见 174 页）　60 克
├ 莳萝碎　适量
├ 粉红胡椒碎　适量
└ 白胡椒碎　适量

✖ 做法

1　将 4 种芜菁带皮切成二三毫米厚的薄片，与蜂蜜柠檬调味汁混合。

2　制作烟熏三文鱼。去掉三文鱼的皮和骨头，撒上材料 A，腌制 6~8 小时后去掉，用脱水纸包裹，在冰箱里放置一晚脱水。

3　第二天，在 25~30℃的环境下冷熏一两个小时。家用的三段式烟熏机即可。下层放入烟熏木块，最上层放烟熏网。如果需要冷熏，可以在中间层放上加了冰的垫子，降温后进行冷熏。

4　将冷熏好的三文鱼浸在特级初榨橄榄油中，用保鲜膜包裹上两层，真空处理后放入 45℃的热水中加热。

5　将芜菁和厚度约 1 厘米的油浸三文鱼装盘，搭配鳟鱼子辣酱油。在芜菁上再撒一些莳萝碎和粉红胡椒碎，在三文鱼上撒一些白胡椒碎即可。

山芋栗子新鲜手工奶酪沙拉

春日意式餐厅（リストランテ ブリマヴェーラ）

甘甜的山芋和栗子，再搭配用牛奶和柠檬汁制作的、带着淡淡酸味的奶酪。栗子也可以使用砂糖、蜂蜜熬煮，不过要注意蜂蜜的用量，不要破坏栗子本身的甜味。

🛒 材料（4 人份）

山芋　200 克

栗子　10 棵

鲜奶酪　90 克

牛奶　500 毫升

柠檬　1/2 个

酸奶　30~50 克

盐、胡椒粉　各适量

鸡杂　适量

蜂蜜　适量

✖ 做法

1 山芋蒸熟后随意切成适口的大小。

2 栗子煮熟后去皮，如果个头较大可以切成两半。

3 制作鲜奶酪。将牛奶倒入锅中，小火加热。等达到 70℃左右关火，挤入柠檬汁。用木勺轻轻搅拌，使其慢慢凝结，用布过滤后放置约 30 分钟沥干水分。

4 将鲜奶酪和 30 克酸奶加入碗中，搅拌成柔滑的糊状。如果偏干，可以加入剩下的酸奶进行调整。

5 在糊中加入山芋和栗子。加入切成适口大小的鸡杂，再加入少许盐和胡椒粉调味。

6 装盘，撒上一些鸡杂，浇上蜂蜜即可。

山芋百合南瓜沙拉

李南河韩式料理

这道沙拉使用了多种清甜软糯的食材，栗子的加入也恰到好处。为了整体口感的统一，蒸的时候一定要掌握好时间。

🛍 材料（4 人份）

山芋　120 克

百合　1 个

南瓜　60 克

芝麻油　少量

盐、胡椒粉　各少量

大蒜　少量

烤肉调味汁（市售）　少量

黑芝麻　适量

✖ 做法

1 山芋和去了皮的南瓜切成适口的大小，蒸熟。

2 百合剥开，迅速蒸一下，时间要短。

3 将山芋、南瓜和百合放在碗中，加入芝麻油、盐、胡椒粉、蒜末、烤肉调味汁和黑芝麻，混合均匀，装盘即可。

四种葱沙拉

无肉不欢法式餐厅（マルディ グラ）

以洋葱沙拉为原型，仅使用葱类来制作。凤尾鱼调味汁让整体风味更加浓郁。

🛍 材料（1 盘）

青葱　30 克

红洋葱　50 克

嫩洋葱　50 克

大葱　50 克

鸡杂　30 克

凤尾鱼调味汁（见 172 页）　适量

✖ 做法

1 将青葱、红洋葱和嫩洋葱切成薄片，大葱斜切成长条，鸡杂切成长三四厘米的条状。

2 将食材焯水，使其口感更脆嫩，捞出后沥干水分。

3 将第二步完成的食材放在盘子上，点缀上凤尾鱼调味汁即可。

心里美萝卜意饺

浩司五十岚蔬菜料理（コウジ イガラシ オゥ レギューム）

这道沙拉突出了心里美萝卜的鲜艳色彩，鲜香的填馅和萝卜的口感相得益彰。螃蟹高汤可以使用蟹肉罐头自带的高汤，也可视情况省去。

🥬 材料（4 人份）

心里美萝卜（大）　1 根
填馅料
├ 毛蟹蟹肉　200 克
├ 牛油果　1/2 个
├ 西芹根　50 克
├ 胡萝卜　50 克
└ 芜菁　50 克
A
├ 香草（莳萝、欧芹、意式香芹、龙蒿叶）　适量
├ 蛋黄酱　20 克
├ 柠檬汁或蜂蜜柠檬调味汁（见 172 页）　适量
├ 螃蟹高汤　适量
└ 盐、胡椒粉　各适量
蔬菜泥
├ 西芹根　100 克
├ 黄萝卜　100 克
├ 鲜奶油　适量
├ 柠檬汁　少量
├ 盐、胡椒粉　各适量
├ 鲑鱼子　适量
├ 欧芹、龙蒿叶、莳萝　适量
└ 盐、胡椒　适量

✖ 做法

1　心里美萝卜去皮，切成厚二三毫米的薄片，撒上盐后稍腌制一段时间。按 4 人份准备 24 片。

2　制作填馅。将西芹根、胡萝卜和芜菁切成 5 毫米左右见方的蔬菜丁，用水焯熟。

3　准备调料 A。香草切碎，将其他食材按顺序进行混合。将毛蟹蟹肉和用勺子碾碎的牛油果、步骤 2 中的西芹根、胡萝卜和芜菁加入后混合均匀。

4　制作蔬菜泥。将西芹根和黄萝卜煮制软烂后捞出。撒上盐、胡椒粉、鲜奶油和柠檬汁（冬季可以用柚子汁），用搅拌机搅拌均匀，调味至浓淡适宜。

5　用两片心里美萝卜夹一勺填馅，放入盘中。搭配上鲑鱼子、欧芹、龙蒿叶和莳萝。再将蔬菜泥盛在旁边即可。

腌泡羊栖菜菌类藕片沙拉

食事屋日式料理（たべごと屋 のらぼう）

羊栖菜和菌类富含纤维素和矿物质，低热量，深受女性欢迎。

🛒 材料（4人份）

干羊栖菜　30克
藕　1/4根
金针菇　30克
丛生口蘑　30克
杏鲍菇　1棵
灰树花　30克
三温糖调味汁（见183页）　2大匙
白芝麻　适量

✖ 做法

1　干羊栖菜用水泡发，洗净沙子和污渍。

2　藕切成薄片，菌类分割成便于食用的大小。分别用热水焯熟后放入冷水中冷却。

3　在碗中放入羊栖菜、藕片和菌类，倒入三温糖调味汁搅拌均匀。

4　装盘，撒上适量白芝麻即可。

牛蒡坚果扮芝麻醋味噌沙拉

食事屋日式料理（たべごと屋 のらぼう）

这道沙拉使用的醋味噌，满溢坚果和芝麻的香气。浓稠的芝麻醋味噌和牛蒡充分混合，是美味的关键。

🛒 材料（4人份）

嫩牛蒡1根 | 醋适量 | 杏仁适量 | 核桃适量
南瓜籽适量 | 芝麻醋味噌（见184页）2大匙

✖ 做法

1　嫩牛蒡切成约4厘米长条，为了便于入味，提前放入食品袋中用木棒敲打，粗的地方可以用手掰开。

2　将嫩牛蒡用加了醋的热水煮熟，再放入冷水中冷却。

3　杏仁、核桃和南瓜籽用烤箱烘烤后切碎。

4　将烤制完成的杏仁、核桃和南瓜籽加入芝麻醋味噌中搅拌，再加入嫩牛蒡拌匀。放置1小时后便可食用。

白芝麻拌藕

玄斋日式餐厅

纵向将藕随意切成条状，更能突出其软糯的口感。搭配久煮入味的利久麸，十分完美。

🍱 材料（4 人份）

莲藕　适量
什锦汁　适量（数字为比例）
├ 高汤 8
├ 味醂 1
└ 薄口酱油 1
甘煮利久麸（下列材料为 8 人份）
├ 利久麸　4 个
├ A
└　├ 高汤　500 毫升
　　├ 浓口酱油　4 大匙
　　├ 薄口酱油　2 大匙
　　├ 砂糖　7 大匙
　　└ 味醂　2 大匙
白芝麻拌酱（见 181 页）　适量

油炸萝卜叶
├ 萝卜叶　适量
├ 面糊　适量
│　├ 小麦粉　少量
│　├ 蛋清　少量
│　├ 玉米淀粉　少量
│　└ 水　少量
└ 色拉油　适量
盐　少量

❌ 做法

1 莲藕去皮，纵向切成长条。蒸熟后静置冷却，放入什锦汁中浸泡二三小时，使其入味。

2 制作甘煮利久麸。用 A 的材料将利久麸煮至入味。

3 按材料表制作面糊，在萝卜叶上包裹上薄薄的一层，用 170℃ 左右的色拉油炸至金黄，趁热撒上盐。

4 将藕条从什锦汁中取出，沥干水分，与白芝麻拌酱搅拌均匀。

5 将甘煮利久麸切成适口的大小，与藕条一起装盘。再装饰上油炸萝卜叶即可。

嫩洋葱圆白菜沙拉

食事屋日式料理（たべごと屋 のらぼう）

新鲜的木鱼花鲜香扑鼻。可作为餐间小菜或搭配其他料理。

🛒 材料（4 人份）

嫩洋葱 1 个｜红洋葱 1 个｜圆白菜 1/2 个
新鲜木鱼花适量｜芝麻油调味汁（见 183 页）2 大匙
浓口酱油 1 小匙｜白芝麻适量

❌ 做法

1 嫩洋葱和红洋葱切片，用热盐水迅速焯熟后放入冷水中冷却。

2 圆白菜撕碎，菜芯切成薄片，分别用热盐水迅速焯熟后放入冷水中冷却。

3 将沥干水分的嫩洋葱、红洋葱和圆白菜放入碗中，加入芝麻油调味汁和浓口酱油，撒上撕碎的新鲜木鱼花，拌匀。

4 装盘，撒上适量白芝麻装饰即可。

油炸根菜沙拉

食事屋日式料理（たべごと屋 のらぼう）

油炸根菜吃起来十分让人满足。也可以用葡萄代替圣女果。

🛒 材料（4 人份）

藕 1/2 根｜牛蒡 1 根｜山芋 1/2 个｜南瓜 1/4 个
红、黄圣女果各 4 个｜醋汁适量｜油炸用油适量
三温糖调味汁（见 183 页）2 大匙

❌ 做法

1 藕切成厚片，山芋切成约 5 毫米厚的半圆形。牛蒡去皮后切成长 4 厘米左右的条，两边用刀削出凹槽，分别浸泡在醋汁中去除杂质。南瓜切成 1 厘米见方的块。

2 将步骤 1 中处理的蔬菜沥干，放入油温 160~170℃ 的油锅中慢火油炸。趁热捞出放入碗中，加入三温糖调味汁和用热水去皮的圣女果，搅拌均匀即可。

什锦西式泡菜

无肉不欢法式餐厅（マルディ グラ）

西式泡菜甜味不太重，香草与香辛料味道融合，余香久久环绕。

🛒 材料（便于制作的量）

蔬果　以下食材合计 800 克
- 番茄
- 欧防风
- 菜花
- 新鲜玉米笋
- 小粒蒜
- 黄瓜蘸酱
- 小芜菁
- 小嫩洋葱
- 抱子甘蓝
- 胡萝卜
- 小萝卜
- 金橘
- 西柚

腌泡酱汁
- 苹果酒（甜口）　750 毫升
- 苹果酒醋　450 毫升
- 茴香粒　1 大匙
- 月桂　1 片
- 百里香　3 根
- 岩盐　1 小匙

✖ 做法

1　蔬果不切，或切成较大的块。西柚剥出果肉。

2　制作淹泡酱汁。将所有材料放入锅中煮至沸腾，能闻到浓郁的香味。

3　将蔬菜放入内高温的密闭容器中，倒入热的淹泡酱汁。两天后便可食用。如果不喜欢酸味，可以放置一周左右再食用，味道更加柔和。这道沙拉也可以切碎后当作配菜，尽量在两周内食用完毕。

根菜蔬菜片

浩司五十岚蔬菜料理（コウジ イガラシ オゥ レギューム）

油炸更能凸显食材的甜味。山羊奶酪和调味汁的淡淡酸味是整道菜的味觉亮点。蔬菜的量和种类可以按个人喜好选择。

🛒 材料

胡萝卜
土豆
黑萝卜
黄芜菁
芜菁
小萝卜
红芜菁
白萝卜
玉米淀粉　适量
油炸用菜籽油　适量
盐　适量
嫩叶　适量
山羊奶酪　适量
酸奶油调味汁（见175页）　适量

⚙ 做法

1 蔬菜分别切成一两毫米厚的薄片，浸入冰水以保留其爽脆的口感。取出后沥干水分。

2 撒上玉米淀粉，放入150~160℃的热油中油炸。

3 放在烤盘上，放入温度在100℃以下的烤箱烤制，完全干燥后涂上一层油。整体撒上盐。

4 将蔬菜片、嫩叶和切成小块的山羊奶酪装盘，倒入适量酸奶油调味汁即可。

糠渍沙拉

食事屋日式料理（たべごと屋 のらぼう）

选用了色彩亮丽的食材，材料和分量可依个人喜好调节。

🛒 材料（4 人份）

小萝卜　2 个
红、黄彩椒　各 1/2 个
芜菁　2 个
黄瓜　1 根
胡萝卜　1/2 根
黄萝卜　1/2 根
雪莲果（小）　1/2 个
心里美萝卜　适量
芝麻油调味汁（见 183 页）　2 大匙
腌渍用米糠

✖ 做法

1 蔬菜抹上一层盐，放入米糠腌渍一晚。

2 取出蔬菜洗净，切成适口的大小，混合芝麻油调味汁
　拌匀即可。

蔬菜丝沙拉

无肉不欢法式餐厅（マルディ グラ）

这道沙拉的食材都切成丝，因为事先处理过，所以上菜很快。

🛒 材料（1 盘）

西芹根　30 克
胡萝卜　30 克
菊苣　10 克
心里美萝卜　10 克
芝麻菜　10 克
盐、胡椒粉　各适量
龙蒿调味汁（见 171 页）　2 大匙

✖ 做法

1 西芹根、胡萝卜、菊苣、心里美萝卜、芝麻菜都切成丝，
　泡在冷水中让其口感更新鲜，取出沥干。

2 将龙蒿调味汁和处理好的蔬菜倒入碗中，加入盐和胡
　椒粉调味即可。

法式蔬菜冻
浩司五十岚蔬菜料理（コウジ イガラシ オゥ レギューム）

这是一道不使用明胶的简易蔬菜冻。薯类、香菇和金针菇等食材黏着力较高，可以将它们放在中间位置。蒸熟的蔬菜去除了多余水分，味道十分浓郁。

🫙 材料（1 块蔬菜冻的量）

蔬菜冻
- 甜菜　1/2 棵
- 菜花　1/4 棵
- 西蓝花　1/4 棵
- 香菇　6~8 个
- 胡萝卜　1/2 根
- 黄萝卜　1/2 根
- 紫薯　1/6 根
- 紫萝卜　1/2 根
- 土豆　1/2 个

野苣、芝麻菜、菊苣、底特律甜菜、香叶芹　适量
竹炭盐　适量
盐　适量
凯撒调味汁（见 173 页）　500 毫升
欧芹　适量

✖ 做法

1 制作蔬菜冻。将蔬菜切成适口的块状，放在合适的容器上上蒸锅蒸熟。取出后迅速撒上盐，使其入味。用滤网等取出，沥干水分，让味道更加浓郁。

2 趁蔬菜还未完全冷却，根据其颜色配比，整理出蔬菜冻的形状，包上保鲜膜。紫薯、紫萝卜和甜菜等食材的颜色较深，容易使别的蔬菜染上颜色，所以要将这些食材和浅色的蔬菜分开摆放。

3 在包好的蔬菜上压重物，放置 3 小时至一晚，让蔬菜能够紧密地靠在一起。

4 取出蔬菜冻，切开时要保证横截面美观，揭开保鲜膜并装盘。撒上竹炭盐，搭配野苣、芝麻菜、菊苣、底特律甜菜和香叶芹。再撒上切碎的欧芹，旁边浇凯撒调味汁即可。

豆类、豆制品、坚果、干果类

蚕豆樱花虾豆皮沙拉

玄斋日式餐厅

这道沙拉颜色十分亮丽鲜艳，适合搭配透明玻璃容器。可以根据个人喜好加入鳟鱼子。

🍴 材料（4 人份）

蚕豆　20 颗
豌豆　40 颗
白煮樱花虾　40 克
豆皮　200 克
盐　适量
小苏打　少量
调味汁　适量（数字为比例）
├ 高汤　8
├ 味醂　1
└ 薄口酱油　1
A
├ 高汤　200 毫升
├ 薄口酱油　2 大匙
├ 味醂　2 大匙
└ 木鱼花高汤　少量
芥末　少量

✴ 做法

1 豌豆用盐水煮熟。加入极少量的小苏打，用小火慢炖。等豌豆软烂后捞出，浸泡在冷水中令其快速冷却。接着浸泡在调味汁中，使其充分入味。

2 蚕豆去皮，放入水中沾湿后撒上一层盐，蒸熟。蚕豆软烂后浸泡在八方汁中，使其充分入味。

3 将豆皮放在较深的盘子中。将 A 的材料煮沸后过滤，浇在豆皮上，蒸 8 分钟。放置冷却。

4 将步骤 3 制作的豆皮放入冰箱冷藏。彻底沥干水分后，与豌豆、蚕豆、白煮樱花虾混合均匀，装盘。

5 再装点上一些蚕豆、豌豆和樱花虾，用现磨芥末点缀即可。

蚕豆慕斯沙拉

本多意式餐厅（リストランテ ホンダ）

以蚕豆为主料，搭配人气的佩克里诺奶酪。为了让慕斯的口感更加顺滑，需要把蚕豆煮到软烂，至少过筛 3 遍。

🛒 材料（4 人份）

蚕豆慕斯
- 蚕豆（水煮）　300 克
- 鲜奶油（乳脂肪含量 45%）　150 克
- 盐　适量

蚕豆沙拉
- 蚕豆（水煮）　140 克
- 盐之花　适量
- 粗胡椒粒　适量
- 特级初榨橄榄油　适量

番茄果泥（见 174 页）　120 克
盐之花、粗胡椒粒　各适量
佩克里诺奶酪碎　适量
黑胡椒碎　少量

✳ 做法

1　制作蚕豆慕斯。用盐水将蚕豆煮制软烂。去皮后用细眼滤网过筛 3 次，使其变成柔滑的蚕豆泥。

2　鲜奶油打发至五成，加入到步骤 1 的蚕豆泥中，搅拌均匀，再加入适量盐调味。

3　制作蚕豆沙拉。用盐水将蚕豆煮熟。去皮后加入盐之花、粗胡椒粒和特级初榨橄榄油，搅拌均匀。

4　在盘子上倒入番茄果泥，将蚕豆沙拉放在果泥上，上面再叠放蚕豆慕斯，用勺子做出美观的造型。

5　在慕斯上撒盐之花和粗胡椒粒。堆放大量佩克里诺奶酪碎，最后撒上少许黑胡椒碎即可。

蚕豆萝卜丁沙拉配马苏里拉奶酪

李南河韩式料理

这道沙拉口味十分清爽，适合使用腌渍时间较短的萝卜。还可以用蚕豆荚做容器，让装盘也变得趣味十足。

🥫 材料（4 人份）

蚕豆　4 把
萝卜丁　60 克
马苏里拉奶酪　60 克
盐、黑胡椒碎　少量
醋　2 小匙
柠檬汁　1/4 个柠檬
白芝麻油　2 小匙
芝麻油　2 小匙
烤肉酱汁（市售）　2 小匙
红辣椒　1 根

❌ 做法

1 蚕豆用盐水煮熟后去皮。豆荚用火烘烤，适当留下一些焦煳的痕迹。

2 萝卜丁切小丁，马苏里拉奶酪也切成相同的大小。

3 将腌萝卜汁、盐、胡椒碎、醋、柠檬汁、白芝麻油、芝麻油、烤肉酱汁混合在一起，与蚕豆、萝卜丁和马苏里拉奶酪搅拌均匀。

4 将完成的沙拉放入烤好的豆荚中，装点上切成环状的红辣椒即可。

扁豆拌海苔沙拉
食事屋日式料理（たべごと屋 のらぼう）

通过简单的搭配打造出绝妙的口感。把食材换成西蓝花也别有风味。

🥢 材料（4 人份）

扁豆　150 克
鸡胸肉　50 克
海苔　2 片
鲜榨芝麻油　1 大匙
浓口酱油　1 小匙
盐、胡椒粉　各适量
白芝麻　适量

❌ 做法

1 扁豆热水焯熟、去壳、用滤网捞出沥干后对半切开。

2 鸡胸肉蒸熟后用手撕成便于食用的大小。

3 海苔用火快速炙烤一下。

4 将扁豆、鸡胸肉、盐、胡椒、鲜榨芝麻油和浓口酱油放入碗中，混合均匀。

5 海苔撕碎后撒在碗中，最后撒上一些白芝麻即可。

鹰嘴豆泥玉米片沙拉

无肉不欢法式餐厅（マルディ グラ）

主材料是用香味蔬菜煮熟的鹰嘴豆，与炸制酥脆的玉米脆片相得益彰。煮鹰嘴豆时注意不要加入洋葱，以免影响豆子本身细腻的味道。煮鹰嘴豆也可以用鹰嘴豆罐头代替。

🛒 材料（1盘）

煮鹰嘴豆　150克
├ 干鹰嘴豆　250克
├ 西芹　1根
├ 胡萝卜　1根
└ 水　约500克

酸奶　50克
红葱碎　1大匙
白砂糖　1小匙
玉米脆片（市售）　适量
油炸用纯橄榄油　适量
盐、胡椒粉　各适量
特级初榨橄榄油　适量

❌ 做法

1 鹰嘴豆浸水一晚泡发，加入切成1厘米见方的西芹和胡萝卜，煮制软烂。如果使用鹰嘴豆罐头，

胡萝卜和西芹用热水迅速焯一下，可以提香。

2 将冷却后的鹰嘴豆、酸奶、红葱、白砂糖一起放入搅拌机中，搅拌成柔滑的豆泥，加入盐和胡椒粉调味。

3 用橄榄油将玉米脆片迅速炸一下，撒少许盐。

4 将鹰嘴豆泥装盘，浇上特级初榨橄榄油，再放上玉米脆片即可。

蜂斗菜海鳗绢豆腐沙拉

无肉不欢法式餐厅（マルディ グラ）

一道可以媲美熟食的大分量沙拉，作为主菜也毫不逊色。重点是热调味汁和冷豆腐的温度差。

🛒 材料（4 人份）

蜂斗菜　1/2 把
海鳗　2 条
绢豆腐　适量
豆瓣酱　1/2 小匙
大蒜　适量
色拉油　少量
A
├─ 浓口酱油　1 大匙
├─ 薄口酱油　1 大匙
└─ 味醂　1.5 大匙
大叶紫苏　适量
烤海苔　适量

❌ 做法

1　蜂斗菜去皮，切成合适的长度。

2　海鳗对半切开，穿上竹扦烤制。之后分割成适口的大小。

3　将绢豆腐放在斜放的砧板上，盖上棉布，压上重物使其沥干水分。

4　平底锅内倒入少量色拉油，加入大蒜，小火炒出香味后，倒入蜂斗菜快速炒熟。

5　将沥水后的豆腐切块装盘，放上蜂斗菜和海鳗。

6　平底锅中倒入色拉油，加入大蒜和豆瓣酱炒出香味。关小火，加入 A 的材料，混合均匀，烧开后浇在步骤 5 完成的食材上。

7　将大叶紫苏切成细丝，放在上方，点缀少量烤海苔即可。

豆子猪蹄沙拉

无肉不欢法式餐厅（マルディ グラ）

煮制软烂的扁豆与猪蹄的口感相得益彰，是一道可以作为前菜的沙拉。

🛒 材料（1 盘）

煮白扁豆　125 克
- 干白扁豆　500 克
- 洋葱　1 个
- 胡萝卜、西芹各 1 根
- 大蒜　1 瓣
- 岩盐　1 小匙
- 水　约 1 千克

处理好的猪蹄　1/2 个
- 煮熟的猪蹄　3 个
- 洋葱　1 个
- 胡萝卜、西芹各 1 根
- 大蒜　1 瓣
- 岩盐　1 小匙
- 百里香　1 根
- 水　约为猪蹄的 2 倍

碎鸡杂　1 大匙
苹果酒醋调味汁（见 171 页）　50 毫升
盐、胡椒粉　各适量

✖ 做法

1 煮熟白扁豆。先将白扁豆在水中
  浸泡一晚泡发。将洋葱、胡萝卜、
  西芹切成 1 厘米左右大小。大蒜
  保留瓣状即可。将所有材料放入
  锅中，开火煮制软烂。如果需要
  把豆子保存起来以后食用，可以
  省去上述蔬菜。

2 处理猪蹄。将洋葱、胡萝卜、西
  芹切成 1 厘米左右大小。大蒜保
  留瓣状即可。将所有材料放入锅
  中，将猪蹄煮制软烂。

3 猪蹄去骨，用保鲜膜包成香肠的
  形状，放入冰箱冷藏。成形后取出，
  切成两三毫米的薄片。

4 将碎鸡杂和苹果酒醋调味汁倒入
  碗中，加入白扁豆和猪蹄片搅拌。
  再加入盐和胡椒粉调味即可。

豆腐彩椒薄荷沙拉
春日意式餐厅（リストランテ プリマヴェーラ）

这道料理使用的是豆腐，但正宗的意大利料理会使用马苏里拉奶酪或是里考塔奶酪。也可以根据个人喜好加入其他蔬菜，比如番茄。薄荷叶是确保口感清爽的关键，不可缺少。

🛒 材料（4 人份）

老豆腐　半块
盐　少量
红、黄彩椒各 1 个
调味汁
　├─ 柠檬汁　1 小匙
　├─ 白葡萄酒醋　10 克
　├─ 特级初榨橄榄油　10 克
　└─ 盐　适量
西芹　半根
薄荷叶　适量
特级初榨橄榄油　适量

✖ 做法

1 在彩椒上均匀涂抹盐和橄榄油，用 250℃烤箱烤制 15 分钟左右。

2 彩椒去皮去子，切成细丝。沥干多余水分，倒入碗中，浇上调味汁拌匀。

3 去除豆腐多余的水分，用勺子分成合适的大小。

4 盛入容器中，撒少许盐，加入红黄彩椒，撒入西芹丝与薄荷叶。最后均匀淋上特级初榨橄榄油即可。

豆渣沙拉

食事屋日式料理（たべごと屋 のらぼう）

豆渣的口感绵密柔和。制作的重点在于一开始需要用沙拉酱进行搅拌。最好使用刚刚用来制作完豆浆的、最新鲜的豆渣。因为豆渣是这道料理的绝对主角，所以最好是能挑选优质的豆腐店及大豆来进行制作。如果买不到理想的豆渣，可以先将豆渣煮一煮，用凉水冲洗，最后用纱布拧干后使用。

🛒 材料（4 人份）

豆渣　120 克
沙拉酱　80 毫升
盐、胡椒粉　各适量
黄瓜　1 根
盐水　适量
胡萝卜　1/2 根
圣女果　12 个
鱼卷（20 厘米）　1 根
玉米罐头　1/2 罐

❌ 做法

1　在豆渣中加入适量盐和胡椒粉，再加入较多的沙拉酱搅拌均匀。

2　黄瓜切片，厚度约 1 毫米，用盐水泡蔫软，沥干。

3　用 *桂剥技法处理胡萝卜并切丝。将圣女果切成两半，鱼卷切成 2 毫米左右的小块。玉米罐头沥干水分。

4　在准备好的豆渣中加入处理好的黄瓜、胡萝卜、圣女果、鱼卷和玉米粒，整体搅拌均匀即可。

> * 桂剥技法：日本料理中的一种刀工技法。将萝卜取中间段，边转动边用刀削成薄纸卷状，中间不间断，厚度约 0.5 毫米。

红薯芽银杏果花生沙拉

玄斋日式餐厅

长在红薯茎部的红薯芽和黄油等油脂类食材十分搭配，因此十分适合与口感软糯的银杏及花生酱一同食用。

材料（4 人份）

红薯芽　20~32 个
盐　适量
煮银杏　20~24 个
银杏　20~24 个
米　适量
调味汁　少量（配比）
　├ 高汤　8
　├ 味醂　1
　└ 薄口酱油　1
花生沙拉酱汁（见 180 页）　适量
松子　少量

做法

1　红薯芽泡水，撒盐后静置一段时间。上蒸笼蒸熟后，放在调味汁里浸泡一段时间。

2　制作煮银杏。银杏去皮，去掉外层的薄膜，与洗净的米一起放入水中煮熟。等银杏膨胀到 1.5 倍大小时，放入调味汁中，待其入味。

3　将沥干的银杏与红薯芽装盘，浇上花生沙拉酱汁。再撒上煎过的松子即可。

四种干物拌菜沙拉

玄斋日式餐厅

这道沙拉的味道偏向日式冷盘，重点在于让干物充分泡发，调味也可以适当浓郁一些。

🔖 材料（4 人份）

紫萁　30 克
干香菇　30 克
金针菜　30 克
干萝卜丝　30 克
芝麻油　适量
A 基本调味料　适量（配比）
　├ 浓口酱油　1
　├ 味醂　1
　├ 日本酒　1
　└ 蒜末　少量
B 干萝卜丝调味料　适量（配比）
　├ 薄口酱油　1
　├ 味醂　1
　├ 泡发用水　2
　└ 盐　少量
柠檬汁　少量
白芝麻碎　少量
红辣椒　少量

✖ 做法

1　将紫萁放入 70℃左右的水中，稍稍冷却后用水捞出杂质。如此重复两遍，换成干净的水后再浸泡一晚。

2　干香菇、金针菜也在水中浸泡一晚，充分泡发。

3　干萝卜丝放入水中，微微软化。

4　泡发后的紫萁、干香菇和金针菜切成便于食用的长度，沥干水分。

5　在平底锅中倒入芝麻油，加热，将步骤 4 准备好的材料分别炒熟。关小火后加入 A，慢火收汁。

6　泡发的干萝卜丝切成合适的长度，沥干，用芝麻油炒熟后加入 B，慢火收汁，倒入碗中，滴上鲜柠檬汁。

7　冷却后装盘，根据个人喜好撒上白芝麻碎和切成小块的红辣椒即可。

烤蘑菇哈罗米奶酪沙拉

玄斋日式餐厅

哈罗米奶酪让味觉焕然一新。这道沙拉可以搭配符合个人口味的多种沙拉酱，烤制后作为配菜，可直接用烤网烤制食用，作为下酒菜也十分合适。哈罗米奶酪是塞浦路斯的特产，口感独特，因为咸味较重所以要去盐后食用。

🥗 材料（4 人份）

菌类（荷叶蘑、杏鲍菇、舞茸等） 适量

盐 少量

柚子醋调味汁（见 181 页） 适量

哈罗米奶酪 60~80 克

菊苣 适量

特级初榨橄榄油 少量

嫩葱 少量

辣椒丝 少量

✖ 做法

1 菌类撒上盐后用烤网烤制。烤出香味后放入柚子醋调味汁中浸泡。

2 将哈罗米奶酪切成薄片并浸泡在水中，尽可能去除部分盐分。沥干后使用平底不粘锅，两面煎至金黄。

3 在盘子上撒上菊苣，放入煎制完成的菌类和奶酪，浇上少量步骤 1 中使用的柚子醋调味汁，淋上特级初榨橄榄油。再用嫩葱和辣椒丝做装饰即可。

大麦蘑菇沙拉

春日意式餐厅（リストランテ ブリマヴェーラ）

如果使用意大利米制作这道沙拉，不需要冲洗，用筛子捞出后放凉即可。大麦独特的口感是亮点。

🛒 材料（4人份）

大麦　20克
米　60克
香菇　2个
丛生口蘑　1/2袋
杏鲍菇　1个
大蒜泥　1块的量
特级初榨橄榄油　适量
盐、胡椒粉　各适量
黑橄榄　20克（10粒左右）
A
├ 帕尔玛干酪丝　2大匙
├ 白葡萄酒醋　10克
├ 特级初榨橄榄油　10克
└ 盐和黑胡椒粉　适量
意式欧芹碎　适量

❌ 做法

1　将大麦和米分别加盐后用水煮15
　　分钟左右，捞出后用水冲洗，降
　　低黏度，沥干。

2　将香菇、丛生口蘑和杏鲍菇切成
　　1厘米见方的块。用特级初榨橄
　　榄油把蒜泥炒香，加入菌类后翻
　　炒，再加入盐和胡椒粉调味。黑
　　橄榄去核后切碎。

3　将大麦、米和菌类放入碗中，加
　　入黑橄榄和A调味。

4　在容器上装盘，最后撒上意式欧
　　芹碎即可。

粉丝沙拉

李南河韩式料理

粉丝煮熟后需要沥干，所以会收缩，注意不要煮太久。这里使用的是山芋为原材料的韩式粉丝，水煮时间较长。加入苹果能打造出另一种风味，如果是给孩子吃，可以用苹果代替药念。

🍲 材料（4人份）

干粉丝　100 克
蒜苗　1/4 根
韭菜　1/4 根
韭黄　1/4 根
火腿　40 克
黄瓜　1/5 根
醋腌墨西哥辣椒　3 克
盐、芝麻油　少量
白芝麻油　1 大匙
烤肉酱汁（市售）　2 大匙
药念（见 188 页）　4 克
米醋　1 小匙
圣女果　4 个
白芝麻　适量

😋 做法

1 粉丝用热水煮熟直至软烂，再用清水冲洗，撒上盐和芝麻油调味。

2 蒜苗用热水煮熟，撒盐。趁热拌上白芝麻油和烤肉酱汁，搅拌均匀后放置约 30~60 分钟。

3 韭菜、韭黄、火腿和黄瓜切成 5 厘米左右的丝。

4 将粉丝、蒜苗、韭菜、火腿、黄瓜和切碎的醋腌墨西哥辣椒混合，用浸泡蒜苗的汤汁将药念搅拌均匀，与其他食材充分混合。

5 倒上米醋提味。

6 装盘，用圣女果装饰，再撒上白芝麻即可。

夏季蔬菜沙拉冷意面

本多意式餐厅（リストランテ ホンダ）

这道料理使用了夏季时蔬，重点在于充分提炼出蔬菜甜味的酱汁。彩椒经过充分烤制，味道会变得十分甘甜，去皮时渗出的汁水可以加入酱汁中调味。

🛒 材料（4 人份）

意面　120 克
水　3 升
盐　30 克
藏红花　2 小撮
盐、白胡椒粉　各适量
特级初榨橄榄油　适量
白葡萄酒醋、柠檬汁　各适量
夏季时蔬淹泡调味汁（见 180 页）　全量
秋葵　4 根
罗勒　16 片

✖ 做法

1 锅中加水，加入 1% 的盐，煮至沸腾，加入藏红花。

2 加入意面煮熟，然后用冷水冲洗降温。

3 沥干水分后，加入盐、白胡椒粉、特级初榨橄榄油、白葡萄酒醋和柠檬汁调味。

4 秋葵用盐水煮熟，切成适口的大小。

5 意面装盘。夏季时蔬腌泡调味汁中的红、黄彩椒和茄子放在盘子中央，再装饰上番茄和橄榄。搭配秋葵，撒上嫩罗勒叶即可。

春季蔬菜韩式煎饼沙拉

李南河韩式料理

软糯的韩式煎饼卷着沙拉一同食用，沙拉的口感十分重要，一定不要煮过长时间。如果买不到韩式煎饼粉，可以将面粉和土豆泥以 2：1 的比例混合均匀，加入适量的泡打粉和蛋黄来代替。

🛒 材料（4 人份）

土当归　30 克
油菜花　2 棵
黄瓜香　4 根
笋丝　30 克
黄豆芽　30 克
A
├ 盐　少量
├ 大蒜泥　2 克
├ 芝麻油　1 小匙
└ 白芝麻　少量
B（配比）
├ 鲣鱼高汤　4
├ 薄口酱油　1
└ 盐　1

C
├ 盐　少量
├ 大蒜泥　2 克
├ 芝麻油　1 小匙
└ 辣椒粉　少量
韩式煎饼
├ 韩式煎饼粉＋面粉　300 克
├ 水　500 毫升
├ 盐　3 克
├ 白味噌　10 克
└ 薄口酱油　30 毫升
色拉油　适量
韩式辣酱　适量

✖ 做法

1　土当归去皮切丝，在清水中冲洗15~30 分钟。沥干后与 A 搅拌均匀。

2　油菜花和黄瓜香分别用热水烫熟，放入 B 中入味后，加入白芝麻（分量外）搅拌均匀。

3　笋丝煮熟后，放入 B 中。

4　黄豆芽用热水烫熟，趁热与 C 混合调味。

5　制作韩式煎饼。将韩式煎饼粉和面粉用盐水和成面糊，加入白味噌和薄口酱油增加风味。

6　加热制作玉子烧的铁盘，倒入色拉油，再倒入一层薄薄的面糊，制作出长方形的韩式煎饼。

7　将韩式煎饼铺在盘子上，摆上土当归、油菜花、笋、黄瓜香和黄豆芽，搭配一些韩式辣酱即可。

蛤蜊水果冷面沙拉

李南河韩式料理

这是一道注重口感的冷面沙拉。冷面用水冲洗，再经过冰水浸泡，会更加有弹性。夏天可以搭配西瓜或西洋梨果泥一同食用。

🏷 材料（4 人份）

冷面（含荞麦粉）　140 克
苹果　60 克
冷面汤　适量（配比）
├─ 蛤蜊高汤（见 188 页）　3
└─ 荞麦面蘸汁（日式）　1
青葱　适量

✖ 做法

1 用热水将冷面煮熟，捞出后放入冷水中充分浸泡。

2 苹果带皮切成丝。

3 将蛤蜊高汤与荞麦面蘸汁混合，冷藏，制成冷面汤。

4 将苹果丝堆在盘子上，盖上冷面，再放入高汤中的蛤蜊，倒入第 4 步制作的冷面汤，最上面撒切碎的青葱即可。

海鲜类

竹荚鱼甜瓜沙拉

浩司五十岚蔬菜料理（コウジ イガラシ オゥ レギューム）

这道沙拉非常适合在食欲不振的夏季食用。竹荚鱼不需要提前用醋腌制，保留新鲜的口感。

材料（4 人份）

大竹荚鱼　1 条
A
├ 粗盐　竹荚鱼的 0.25%
├ 柠檬皮碎　适量
├ 香菜粉　适量
├ 胡椒粉　适量
└ 香草碎　适量
甜瓜　1/4 个

水果番茄　2 个
水茄子　1/2 个
盐　适量
蜂蜜柠檬调味汁（见 172 页）　30 毫升
蜜渍生姜　适量
生姜　100 克
蜂蜜、白葡萄酒醋　50 克
紫苏叶　4 片

做法

1 将竹荚鱼片成 3 片，涂抹上材料 A 后放入冰箱冷藏三四小时。

2 洗净竹荚鱼，用吸水纸包裹住鱼肉，等待三四小时，使其进一步脱水。

3 甜瓜切成适口大小，水果番茄切成半圆形。水茄子切成适口大小后浸泡在盐水中（分量外），1~3 分钟后取出，沥干。

4 制作蜜渍生姜。将生姜切成火柴棒粗细，用热水焯 3 次，沥干，放入蜂蜜与白葡萄酒醋中，煮至水分全部蒸发。

5 将甜瓜、水果番茄、水茄子和切成适口大小的竹荚鱼肉一同放入碗中，加入盐和柠檬调味汁搅拌均匀。

6 装盘，点缀上蜜渍生姜和紫苏叶即可。

金枪鱼土当归红曲沙拉
美虎中餐厅

红曲有药用效果，能够改善胆固醇与中性脂肪的数值水平。且颜色鲜艳，是非常适合用于制作沙拉的健康食材。

🛒 材料（2 人份）

金枪鱼（刺身用的赤身部位）　1/3 片
土当归　1/4 个
醋　少量
红曲调味汁（见 186 页）　适量

❌ 做法

1 土当归去皮，切成适口大小。放入加入醋的热水中，快速煮熟，保留爽脆的口感。金枪鱼切成 1 厘米左右的块状。

2 将金枪鱼和土当归放入碗中，加入适量的红曲调味汁搅拌均匀再装盘即可。

生扇贝牛油果拌辣味奶酪沙拉
美虎中餐厅

将可以生食的扇贝焯熟，搭配牛油果一起食用。奶酪调味汁更能增加醇厚的口感。

🛒 材料（4 人份）

扇贝（可生食）　3 个
牛油果　1/2 个
辣味奶酪调味汁（见 185 页）　适量

❌ 做法

1 扇贝用热水焯熟后，立即放入冷水中冷却，切成 1 厘米左右的块状。

2 牛油果去皮后切成 1 厘米左右的块状。

3 将牛油果和扇贝放入碗中，加入适量的辣味奶酪调味汁，搅拌均匀，装盘即可。

醋腌秋刀鱼沙拉

食事屋日式料理（たべごと屋 のらぼう）

这道独特的沙拉适合选用即将下市的秋刀鱼来制作，油脂较少。

🏷 材料（4 人份）

秋刀鱼　2 条
盐　10 克
醋　200 毫升
嫩洋葱　1/2 个
野姜　2 个
长叶莴苣、特雷维索菊苣、底特律
甜菜、辛子壬生菜、菊苣　适量
嫩洋葱酱汁（见 182 页）　4 大匙
青葱碎　适量

✖ 做法

1 秋刀鱼片成 3 片，去掉小刺。

2 在鱼肉一侧抹一层盐，放置 15 分钟左右，用水清洗后再放入醋中腌渍七八分钟。

3 沥干后切成适口的块状。

4 嫩洋葱和野姜切成薄片，泡入水中。

5 将长叶莴苣、特雷维索菊苣、底特律甜菜、辛子壬生菜、菊苣、嫩洋葱和野姜装盘，中间放秋刀鱼。浇上嫩洋葱调味汁，点缀上青葱碎即可。

青花鱼茄子青橘果冻沙拉

本多意式餐厅（リストランテ ホンダ）

选用了秋季时令的茄子作为主材料。醋腌处理同样也很适合秋季食用的秋刀鱼，搭配爽口的青橘果冻，十分诱人。

🍴 材料（4 人份）

醋腌青花鱼
└ 青花鱼　1/2 条
└ 盐、醋适量
油炸茄子
└ 茄子　2 根
└ 色拉油　适量
盐　少量
番茄红葱调味汁（见 176 页）　全量
青橘果冻
└ 青橘果汁、水　50 毫升
└ 酸橙汁　10 毫升
└ 增稠剂（熟食用，代替水淀粉）　2 克
香葱碎　适量
绿玉兰菜、特雷维索菊苣、菊苣、法香、

底特律甜菜、莴苣等　共 40 克
法式调味汁（见 177 页）　20 毫升
香味调味汁（见 177 页）　40 毫升

✖ 做法

1　制作醋腌青花鱼。青花鱼片成 3 片，撒上厚厚一层盐，腌制 3 小时。用水清洗后在放入醋中腌制 3 分钟左右。

2　制作油炸茄子。用牙签和竹扦在茄子表面戳一些小孔，放入 160℃的色拉油中油炸。等内部都熟透后捞出，放凉后去皮。沥干水分后撒上适量的盐。

3　制作青橘果冻。青橘果汁对水稀释，加入酸橙汁，然后再加入增稠剂增加黏稠度。

4　将去皮的青花鱼和油炸茄子切成统一的大小。按照油炸茄子、番茄红葱调味汁、青花鱼的顺序摆放。最上面放青橘果冻，撒上香葱碎。

5　将蔬菜与法式调味汁搅拌均匀并装盘。盛入步骤 4 处理好的食材，旁边点缀香味调味汁即可。

梅子朝鲜莴苣海鲜沙拉

玄斋日式餐厅

以前在韩国的宫廷料理中，会使用梅子泥作为调味酱汁。原材料就是梅酒里的梅子，也可以使用口感爽脆的梅干来制作。薄荷是提味的亮点，一定要多加一些。

🛒 材料（4 人份）

金枪鱼　80 克

扇贝　1 个

虾　8 只

盐、胡椒粉　各适量

紫苏　4 片

朝鲜莴苣　4 片

梅酒的梅子　2 个

朝鲜莴苣调味汁（见 188 页）　60 毫升

薄荷　适量

白芝麻　适量

❌ 做法

1 金枪鱼切成薄片。扇贝焯熟后切成薄片。虾煮熟后去壳。

2 将海鲜食材放在一起，加入盐和胡椒粉调味，再放入紫苏、朝鲜莴苣、切碎的梅子与朝鲜莴苣调味汁拌匀。

3 装盘，撒上薄荷叶和白芝麻即可。

壬生菜鱼皮爽脆沙拉

玄斋日式餐厅

壬生菜与鱼皮的搭配十分和谐。注意处理时要保留壬生菜爽脆的口感。搭配微辣的山椒醋味噌也是亮点之一。

🍴 材料（4 人份）

壬生菜　200 克
高汤　适量
酒、薄口酱油　少量
鱼皮　80 克
花椒醋味噌（见 181 页）　适量
* 少女萝卜　少量
白葱丝　少量

> * 少女萝卜，种植于日本三浦半岛，专门为了制作沙拉而进行了改良。外皮为红色，心是白色，属于小萝卜的一种。有的地方也称其为红萝卜。

✖ 做法

1 壬生菜不用切断，分成几束，用竹皮捆住，用温热的高汤快速焯一下。捞出后迅速用扇风等方式降温。

2 向刚刚用来焯壬生菜的高汤中加入酒、薄口酱油来调味，整个锅放入冰水中降温。

3 鱼皮切成适口大小，与壬生菜一起浸在冷却的高汤中。

4 取出壬生菜沥干，切成适口大小。与鱼皮一起装盘，浇上山椒醋味噌。搭配上切成细丝的少女萝卜，码上白葱丝即可。

炙烤扇贝萝卜圣女果沙拉

食事屋日式料理（たべごと屋 のらぼう）

扇贝直接在火上烤，香气扑鼻，搭配萝卜和圣女果，是一道十分简单的沙拉。

🛒 材料（4 人份）

扇贝　4 个
萝卜　1/4 根
圣女果　8 个
基础法式调味汁（见 182 页）　2 大匙
盐　适量
洋葱　1/2 个
鲜榨芝麻油　适量
莳萝　1 根

✖ 做法

1 用金属扦将扇贝穿好，直接放在火上炙烤，然后放置冷却。

2 萝卜切成厚 1 毫米左右的半圆片，撒上盐后腌制 30 分钟左右。

3 圣女果对半切开。

4 将扇贝、萝卜、圣女果放入碗中，加入基础法式调味汁，搅拌均匀。

5 洋葱切成薄片，用芝麻油煎至金黄。

6 把洋葱铺在盘子底，上面按照圣女果、萝卜和扇贝的顺序依次摆放，装饰少量莳萝即可。

腌泡牡蛎烤大葱沙拉

食事屋日式料理（たべごと屋 のらぼう）

这道沙拉无论是在刚做好的时候，还是放置了一段时间更加入味之后，都十分美味。重点在于牡蛎不要事先调味，而要在加热之后马上调味。

🛒 材料（4 人份）

牡蛎（可生食）　8~12 个
长葱　2 根
盐、胡椒粉、特级初榨橄榄油　各
适量
生菜　半棵

✖ 做法

1 牡蛎洗净，放置在合适的容器上，大火蒸 15 分钟。

2 长葱切成 4 厘米左右的葱段，放在金属网上烤制，烤到略有焦黄即可。

3 牡蛎和长葱趁热放入碗中，加入盐、胡椒粉和特级初榨橄榄油搅拌均匀，放置一晚。如果是放在密封容器中可保存四五天。

4 根据自己的口味选择生菜等蔬菜，垫在盘子的下方，牡蛎与长葱取出后放在上方即可。

鲜辣蛏子洋葱沙拉

美虎中餐厅

调味汁中带有鲜辣椒特有的香味与辣味。蛏子、红洋葱、长葱都要切成薄片，便于充分入味。

🛒 材料（4 人份）

蛏子　1 个
红洋葱　1/4 个
长葱　1/4 根
鲜辣椒调味汁（见 187 页）　适量
香菜　适量
生菜　适量

✖ 做法

1 蛏子切成薄片，在热水中快速焯熟，放入冷水冷却，捞出后沥干水分。

2 红洋葱和长葱都切成细丝。

3 将蛏子、红洋葱与长葱放入碗中，根据个人口味加入适量鲜辣椒调味汁。

4 洗净蛏子壳，放上生菜，把步骤 3 制作完成的食材放在生菜上，点缀少量香菜即可。

鸟贝菜花沙拉

美虎中餐厅

快速焯熟的菜花搭配可生食的鸟贝。新鲜菜花有淡淡的香甜，茎部也鲜嫩可口。黑醋醇厚的酸甜味起到了提味作用。

🛒 材料（4 人份）

菜花　8 个
鸟贝（可生食）　8 片
黑醋调味汁（见 185 页）　适量

✖ 做法

1 菜花用热水焯熟，切成适口大小。

2 鸟贝切成适口大小。

3 将菜花和鸟贝放入碗中，加入黑醋调味汁搅拌均匀并装盘即可。

毛蟹西芹根与牛油果沙拉

本多意式餐厅（リストランテ ホンダ）

西芹根与毛蟹的天作之合，搭配苹果和西芹的脆片，更增添一种蘸酱蔬菜片的感觉。

🦀 材料（4 人份）

毛蟹（小）　1 碗
西芹根　1/8 根
沙拉酱　60 克
山葵泥　少量
牛油果　1 个
盐、胡椒粉、柠檬汁、特级初榨橄榄油　各适量
苹果、西芹根薄片　各 16 片
香草蛋黄酱（见 178 页）　适量
特级初榨橄榄油　少量
粉红胡椒碎、意式西芹　少量

❎ 做法

1 将毛蟹放入加入了较多盐的热水中，煮 15 分钟左右，捞出。冷却后取出蟹肉。

2 西芹根去皮后切成粗丝，浸泡在柠檬水中，再用热水迅速焯熟。接着放入冷水中，捞出沥干。

3 将毛蟹、西芹混合在一起，加入沙拉酱和山葵泥、盐、胡椒、柠檬汁搅拌均匀。

4 牛油果切成后 5 毫米左右的片状，加入盐、胡椒粉、柠檬汁和特级初榨橄榄油，搅拌均匀。

5 制作苹果和西芹根的脆片。苹果片用糖水煮熟，西芹根片用热水焯熟。捞出后放在两枚铁板之间，用 100℃的烤箱烤制 1 小时。中途需要翻面，注意不要烤制过度。

6 将牛油果装盘，上面堆放拌好的毛蟹和西芹，浇上香草蛋黄酱。用西芹根和苹果脆片做装饰，撒上切碎的意式欧芹和粉红胡椒。最后浇上特级初榨橄榄油即可。

海螺心里美萝卜土当归菜花沙拉

本多意式餐厅（リストランテ ホンダ）

土当归、菜花搭配正当季的海螺，是一款适合春季的沙拉。心里美萝卜可以直接生吃，裹上海带，口味和外观都更加诱人。

🛒 材料（4人份）

海螺　1个
香味蔬菜
　┌ 洋葱　1/2个
　├ 胡萝卜　2厘米
　├ 西芹　1/3根
　└ 欧芹茎　3根
盐、白胡椒粉　各适量
土当归　1/2个
菜花　1/2个
心里美萝卜　1/4个
盐、海带　适量
特级初榨橄榄油　适量
番茄红葱调味汁（见176页）　60毫升
香葱碎　适量
欧芹　少量

✖ 做法

1 取出海螺肉，将螺壳清洗干净。将切碎的香味蔬菜、盐和白胡椒粉放入水中煮沸，加入螺肉煮制软嫩。关火静置冷却，将螺肉切成薄片。

2 土当归切片后放入水中。菜花用热水煮熟。心里美萝卜切成薄片，撒少量的盐后用海带包上，再用保鲜膜包裹住。

3 将海螺、土当归和菜花放入碗中，倒入番茄红葱调味汁搅拌均匀。

4 心里美萝卜铺在盘子底层，把步骤3拌好的食材放在上面。撒上香葱碎，装饰上欧芹。在周围浇上特级初榨橄榄油和番茄红葱调味汁即可。

鲍鱼春笋沙拉

本多意式餐厅（リストランテ ホンダ）

春季最当季的竹笋沙拉。荷兰豆的清爽豆香，搭配刚刚破土的新笋鲜香。这里的调味汁也可以搭配水煮白身鱼和刺身。圣女果干是用西西里胭脂（一种日本产圣女果）对半切开，放在铁板之间放入 90℃的烤箱中烤制 5 小时，干燥脱水后制成。

🥬 材料（4 人份）

鲍鱼（中等大小） 1 个
香味蔬菜
├ 洋葱 1/4 个
├ 胡萝卜 1 厘米
├ 西芹 1/3 根
└ 欧芹茎 3 根
盐、白胡椒粒 适量

笋尖 1 根
鲍鱼肝调味糊（见 178 页） 全量
荷兰豆调味汁（见 177 页） 全量
圣女果干 4 片
荷兰豆 8 个
花椒芽 8 片

❎ 做法

1 鲍鱼肉放入锅中，倒入清水，没过鲍鱼即可，加入切成薄片的香味蔬菜、盐和白胡椒粒，大火煮。鲍鱼肝留下来用作鲍鱼肝调味糊的原料

2 笋尖放入加入了米糠的水中煮熟，然后放置冷却。装饰用的荷兰豆用热水焯一下。

3 鲍鱼和笋尖切成适口大小，加入鲍鱼肝调味糊搅拌均匀。

4 在容器上倒上荷兰豆调味汁，将步骤 3 拌好的沙拉放在上面，点缀上荷兰豆、圣女果干和花椒芽即可。

黑虎虾仁沙拉

美虎中餐厅

沙拉并不是只能作为配菜，这道沙拉就可以作为主材食用。

🛒 材料（4 人份）

黑虎虾　8 只
淀粉　2 大匙
盐　少量
水　少量
油炸面糊
  ├─ 蛋清　1 大匙
  ├─ 淀粉　1 大匙
  └─ 色拉油　1 大匙
蛋黄酱调味汁（见 188 页）　适量
春卷皮　2 张
油炸用油　适量
大叶生菜　1 片
特雷维索莴苣　适量
菊苣　适量
蔬菜脆片（市售）　适量

❌ 做法

1　虾肉去壳，挑出虾肠。撒上淀粉和盐，加入少量清水揉匀。再使用水流冲洗干净，沥干水分。

2　制作油炸面糊。将蛋清和淀粉在碗中混合均匀。充分混合后加入色拉油，令其更加融合。

3　在虾肉上撒上淀粉（分量外），裹上步骤 2 制作的面糊，放在高温油锅中油炸。

4　把春卷皮铺在底部呈弧形的碗状容器底部，然后连同碗一起放入锅中油炸，之后取出油炸定形的春卷皮作为容器，将两张春卷皮错落摆放。

5　将大叶生菜、特雷维索莴苣和菊苣放在作为容器的春卷皮中。

6　将油炸后的虾肉与沙拉酱调味汁混合在一起，摆在蔬菜上。

7　根据个人喜好，用胡萝卜、秋葵、甜菜、扁豆、苦瓜、藕等蔬菜脆片装饰。

虾土当归抱子甘蓝拌梅子醋沙拉

食事屋日式料理（たべごと屋 のらぼう）

略带苦味的春季野菜搭配梅子醋恰到好处。梅子醋的加入也使得梅肉的整体口感更柔和。

🛒 材料（4人份）

虾　8只

土当归　1个

抱子甘蓝　8~10个

梅子醋（见182页）　2大匙

✖ 做法

1 虾肉去壳，清理肠子，用热水煮熟。

2 土当归去皮，放入醋水（分量外）中浸泡，捞出后切成厚5毫米的片状。

3 为了抱子甘蓝能够均匀受热，要在其根部刻一个十字，用热水迅速焯熟后放入冷水冷却。

4 将虾、土当归和抱子甘蓝装盘，浇上梅子醋即可。

翡翠章鱼沙拉

美虎中餐厅

搭配翡翠调味汁一起食用的生鱼沙拉。鲜艳的色彩令人过目难忘，备受女性食客好评。

🛒 材料（2人份）

章鱼片（可生食）　6片

黄圣女果　3个

翡翠调味汁（见186页）　适量

嫩叶　适量

✖ 做法

1 章鱼去皮，切片，尽量薄。

2 圣女果烫水焯一下，去皮，切片。

3 在盘子中倒入翡翠调味汁，放入章鱼和圣女果。点缀上嫩叶即可。

芹菜小虾仁柚子沙拉

李南河韩式料理

这道沙拉使用了制作柚子茶时常见的柚子酱，是一款带着柚子清香的沙拉。因为果酱偏甜，所以可以根据个人口味增减稀释用的水量。

🛒 材料（4 人份）

小虾　12 只
芹菜　1 束
无盐烤腰果　适量
盐　适量
柚子酱　2 茶匙
薄口酱油　2 茶匙
醋　少量
胡椒粉　少量
鲜榨柚子汁　1 个柚子

✖ 做法

1 小虾放入水中煮熟，捞出后去壳去头。

2 取芹菜茎部，放入热水中迅速焯熟，捞出来后沥干。

3 将小虾、芹菜、切碎的烤腰果和盐放在一起搅拌均匀。

4 用矿泉水（分量外）稀释柚子酱，加入薄口酱油、醋、胡椒粉和鲜榨柚子汁。

5 将步骤 3 和步骤 4 的食材混合，装盘即可。

鱿鱼丝拌洋芹即食沙拉

李南河韩式料理

将黄瓜与洋芹与药念搅拌均匀作出的即食沙拉。推荐制作完成后立刻品尝。如果喜欢甜口，可以多加一些烤肉酱汁。

🛒 材料（4 人份）

鱿鱼丝　2 碗
黄瓜　1/2 根
洋芹　6 根
芝麻油　1 大匙
大蒜泥　2 匙
烤肉酱汁（市售）　2 大匙
药念（见 188 页）　2 匙
盐、米醋　少量
白芝麻　适量
辣椒粒　适量

❌ 做法

1　鱿鱼丝过水焯熟，撒上盐调味。

2　黄瓜切成长 5 厘米左右的条，撒上盐。倒入芝麻油、大蒜泥、烤肉酱汁、药念、盐和米醋，充分搅拌。

3　等到黄瓜腌制入味后取出。在剩余的调味汁中加入鱿鱼丝和洋芹，充分搅拌。

4　放入黄瓜，装盘。撒上白芝麻和辣椒粒即可。

海蜇西洋梨沙拉

美虎中餐厅

新鲜的彩椒、弹牙的海蜇头，搭配爽口的西洋梨，这道沙拉充分发挥了各种食材的魅力。搭配使用了各种香料的调味汁，更加美味。

🛒 材料（4 人份）

西洋梨（法国梨） 1/2 个
黄彩椒 1/2 个
海蜇头（三四厘米） 8 块
辣味调味汁（见 184 页） 适量
菊苣 适量
香菜 少量

✖ 做法

1 西洋梨去皮，切成适口大小。

2 黄彩椒直接用网烤，去除烤焦的外皮，斜切成薄片。

3 海蜇泡水去除多余的盐分，用热水快速焯一下，捞出后斜刀切成薄片。

4 在碗中放入洋梨、彩椒、海蜇，加入事先已经混合好的辣味调味汁，搅拌均匀使其入味。

5 将菊苣和步骤 4 制作的沙拉装盘，点缀少量香菜即可。

壬生菜白子拌梨子泥沙拉

李南河韩式料理

梨子的淡淡清甜让白子（即鱼类的精巢）更加浓郁。因为柚子醋的口味不尽相同，所以使用了醋来调整。梨子也可以用苹果或者西洋梨来代替。

材料（4 人份）

鳕鱼白子　70 克
壬生菜　1 颗
盐、大蒜　少量
芝麻油　1 小匙
梨子泥调味汁（见 188 页）　全量
粗辣椒粒　少量

做法

1 白子放入盐水中煮熟。放入冷水中冷却，沥干。

2 壬生菜随意切成段，拌上盐、蒜末、芝麻油搅拌。

3 将白子和壬生菜装盘，撒上梨子泥调味汁和粗辣椒粒即可。

土当归菜花短蛸沙拉

玄斋日式餐厅

调味汁突出了腌鱼的独特味道，搭配当季蔬菜和食材，是一道个性十足的沙拉。

🍲 材料（4人份）

短蛸 2~4只
萝卜泥 少量
土当归约 8厘米
菜花 12颗
盐 适量
腌青花鱼 8片
腌鱼刺山柑调味汁（见181页） 适量
防风 适量
鸭儿芹 适量
小萝卜 1个

✖ 做法

1 短蛸身翻出来清洗，取出墨袋。用萝卜泥揉搓，去除表面滑溜溜的液体，冲洗后沥干。

2 用刀将短蛸的身与足分离。去除眼睛和嘴的部分，切成适口大小。从躯干中取出卵。

3 将短蛸足放入70℃左右的水中焯熟。躯干和卵放入开水中焯熟。

4 菜花用盐水蒸熟后放入冷水中浸泡，取出后沥干。土当归去皮后切成薄片。防风切成相同的长度，用热水焯熟的鸭儿芹系起来。

5 将土当归、菜花和短蛸装盘，搭配切成薄片的腌青花鱼和防风。点缀上装饰用的小萝卜，浇上腌鱼刺山柑调味汁即可。

真蛸土豆西芹沙拉

本多意式餐厅（リストランテ ホンダ）

意大利那不勒斯地区的传统沙拉搭配橄榄，新鲜软嫩、口感爽脆的芹菜芽是整道沙拉的亮点。

🛒 材料（4 人份）

真蛸足　3 根
香味蔬菜
├─ 洋葱　1/2 个
├─ 胡萝卜　1/5 根
├─ 西芹　1/3 根
└─ 月桂　1 片
盐、白胡椒粒　适量
土豆　2 个
大蒜　3 瓣
西芹心　1 根
绿橄榄　12 个
圣女果干（见 79 页）　12 个
欧芹酱（见 176 页）　5 大匙

法式调味汁（见 177 页）　适量
凤尾鱼调味汁　1 小匙
干牛至　适量
巴萨米克醋、白葡萄酒醋　各适量
特级初榨橄榄油　适量
盐、白胡椒粉　各适量
意式欧芹　各适量

✖ 做法

1 将真蛸足放入水中煮熟。真蛸足放入锅中，加入的水量能没过食材即可。放入切碎的香味蔬菜、月桂、盐和白胡椒粒，大火煮沸。沸腾后关小火，煮至能让竹扦轻松穿过即可，放凉后切成适口大小。

2 真蛸足中加入凤尾鱼调味汁、白葡萄酒醋、巴萨米克醋、特级初榨橄榄油、欧芹酱和干牛至，搅拌均匀，最后加入盐和白胡椒调味。

3 土豆放入盐水中煮熟，煮至能让竹扦轻松穿过即可，冷却后去皮。切成厚 5 毫米左右的薄片。

4 在平底锅中倒入特级初榨橄榄油，放入切成两半并去掉芯的大蒜，中火油煎。

5 待大蒜煎至金黄色，加入土豆，油煎至上色。

6 制作西芹沙拉。将西芹芯切成适口大小，与绿橄榄和圣女果干一同放入碗中。加入法式调味汁、白葡萄酒醋、巴萨米克醋、盐和白胡椒粉，搅拌均匀。

7 把西芹沙拉发在盘子的底部，将土豆、真蛸足、大蒜放置在上方，摆出有立体感的造型。最后撒上切碎的意式欧芹即可。

海鲜沙拉配古斯古斯面

浩司五十岚蔬菜料理（コウジ イガラシ オゥ レギューム）

古斯古斯面的分量感和存在感都十分突出，这道沙拉记得一定要冷藏后再食用。

🥗 材料（4 人份）

古斯古斯面　100 克
洋葱　1/5 个
黄瓜　1/4 根
红、黄彩椒　各 1/2 个
A
├ 盐　适量
├ 百里香　1 根
├ 大蒜末　1/2 小匙
└ 特级初榨橄榄油　适量
绿色欧芹斜切片　2 根的量
蛤蜊　12 个
青口贝　8 个
白葡萄酒　适量
章鱼足　2 根
红酒醋　适量
西芹茎　适量
鱿鱼　1 只
白身鱼（长尾滨鲷或鲈鱼）　约 100 克
虾（有头）　8 只
扇贝　4 个
荧光乌贼　12 只
加入香味蔬菜的煮鱼用高汤　适量
腌泡汁
├ 蒸蛤蜊与青口贝的汤汁　50 毫升
├ 大蒜末　1 小匙
├ 特级初榨橄榄油、柠檬汁　各 50 毫升
└ 欧芹碎　1 小匙
盐、胡椒粉　适量
番茄果泥（见 174 页）　100 毫升
紫苏香油（见 173 页）　40 毫升
法香、莳萝　适量
粉红胡椒碎　适量

✖ 做法

1　倒入与古斯古斯面分量相同的水，煮熟。

2　洋葱、黄瓜、彩椒切成 5 毫米的块状，与 A 液体进行混合。放在温暖的地方，静止待其入味。

3　蛤蜊和青口贝用白葡萄酒蒸熟，保留剩余的汤汁。章鱼切成适口大小，用加入了盐、红酒醋、西芹茎的水煮熟。鱿鱼去皮，躯干部分切成条状。白身鱼片成三片，切成适口大小。

4　加热煮鱼汤料，在将要沸腾的时候按顺序加入绿色欧芹斜切片和海鲜食材。捞出后趁热放入腌泡汁中入味。

5　在碗中放入古斯古斯面和步骤 2 准备好的洋葱、黄瓜、彩椒，倒入步骤 4 的腌泡汁 40 毫升，用盐和胡椒粉调味。如果酸味不够可以加一些柠檬汁（分量外）。

6　将步骤 5 的古斯古斯面放入模具中定形，装盘，上面放上绿色欧芹和海鲜食材，放上一些装饰用的法香和莳萝。

7　在盘子旁边倒少量紫苏香油和番茄果泥，撒上少量粉红胡椒碎即可。

肉类

马肉根菜沙拉

本多意式餐厅（リストランテ ホンダ）

马肉刺身要搭配蒜末。这道沙拉选用加入大蒜的皮埃蒙特酱来代替。这种酱也很适合搭配根菜食用。搭配少量芥末粒，打造亮点。

🏷 材料（4 人份）

马肉　150 克
盐、胡椒粉、特级初榨橄榄油、柠檬汁　适量
迷你胡萝卜　4 根
迷你红萝卜　4 根
甜菜　适量
玉米笋　2 根
小萝卜　4 个
菊苣属植物、特洛维斯莴苣、欧芹、底特律甜菜、羊莴苣等　适量
法式调味汁（见 177 页）　适量
食用花卉　适量
大蒜片　适量
皮埃蒙特酱（见 178 页）　适量
浓缩巴萨米克调味汁（见 179 页）　适量
芥末粒　适量
岩盐　适量
木犀草酱　适量

❌ 做法

1 马肉切成厚 2 毫米的薄片。

2 迷你胡萝卜、迷你红萝卜和小萝卜切成相同的形状。甜菜切丝。玉米笋用热水煮熟后对半切开。

3 马肉用盐、胡椒粉、特级初榨橄榄油和柠檬汁搅拌均匀，装盘。

4 大蒜切成薄片，用 160℃的色拉油油炸，注意不要炸煳。芥末粒用 100℃的色拉油油炸。

5 马肉上放步骤 2 处理好的蔬菜，其他蔬菜用法式调味汁拌匀。装饰上食用花卉和大蒜片。

6 倒上皮埃蒙特酱和浓缩巴萨米克调味汁，撒干芥末粒、岩盐，点缀木犀草酱即可。

炙烤里脊香橙风味沙拉

美虎中餐厅

花椒的辛辣与香橙的酸爽，打造出让人欲罢不能的美味里脊，轻轻炙烤后的猪里脊入口即化的口感是亮点。

材料（4 人份）

猪里脊　8 片
盐　少量
花椒粉　少量
香橙风味调味汁（见 186 页）　适量
香菜　适量
长葱白　适量

做法

1　将里脊肉摆放在盘子上。撒少量盐，覆上保鲜膜后放入冰箱冷藏半天。

2　取出腌制入味的里脊肉，撒上花椒粉，用火枪轻轻炙烤。

3　装盘，搭配上香菜和斜切的长葱。

4　按照个人口味浇上香橙风味调味汁即可。

芥末花鸭肉沙拉

玄斋日式餐厅

刺激辛辣直冲鼻腔的芥末，搭配油脂丰满的鸭肉。事先处理好的鸭肉放置一晚，在芥末花中腌渍半日。这是一道需要花些功夫的沙拉。

🥢 材料（4人份）

鸭胸肉　1块
煮鸭用汤汁
├ 高汤　300毫升
├ 日本酒　200毫升
├ 浓口酱油　4.5大匙
└ 味醂　2.5大匙
芥末花　1/2束
蘸料
├ 煮至酒精完全挥发的清酒或甜米酒　60毫升
├ 浓口酱油　150毫升
├ 味醂　60毫升
└ 海带（2厘米块）　1块
牛油果　1/2个
莴笋　少量

✖ 做法

1　清理鸭肉上多余的油脂和肉筋，用竹扦穿过鸭皮部分。皮朝下放在未倒入油的平底锅中烤，一边去除炙烤出来的油脂，一边将皮烤制脆嫩。两侧的鸭肉也可以稍加炙烤，完成后取出迅速放入冷水中，捞出沥干。

2　将煮鸭用汤汁的材料混合煮沸。趁热与鸭肉一起装盘，蒸10分钟左右，中途需要翻面一次。

3　将鸭肉厚的部位用金属扦戳几个孔，穿在金属扦上，一边沥出血水，一边冷却。煮鸭用汤汁用冰水冷却，捞出表面漂浮的油脂。

4　将冷却后的鸭肉放入煮鸭用汤汁中，放入冰箱冷藏一晚。

5　芥末花用清水洗，切成适宜的长度。平铺在筛子上，从上方均匀地倒下热水，然后迅速放入密封瓶中，摇晃均匀（建议15~20分钟）。

6　将蘸料的配料放在一起，搅拌均匀后煮沸，放置冷却。

7　从瓶中取出芥末花，沥干水分，在蘸料中腌渍半日。

8　将莴笋切成适当的长度，去皮后切成松叶型。放入热水中焯一下让颜色更透亮。牛油果去掉皮和种子。切成3毫米左右的薄片。

9　将沥干水分的鸭肉切成3毫米左右的薄片。轻轻沥干芥末花中的水分。将牛油果、芥末花和鸭肉装盘，鸭肉上摆莴笋作为装饰即可。

红酒腌鸭肉和熏制鸭肝拌莓果沙拉

本多意式餐厅（リストランテ ホンダ）

鸭肉与莓果是天生一对。这道莓果沙拉酸甜可口，非常适合在夏季开胃。鸭肝不要烤得太过，用烟熏布（浸满了熏液的无纺布）
打造出熏制的风味。

🍴 材料（4 人份）

鸭胸肉　半块
腌渍用调和盐
├ 盐　500 克
├ 白砂糖　50 克
├ 木犀草酱（黑胡椒、醋和青葱碎混合的酱汁）　10 克
└ 大蒜片　2 小块的量
A
├ 红酒　750 毫升
├ 洋葱　1 个
├ 胡萝卜　1/2 根
├ 西芹　1 根
└ 大蒜　1/2 小块
鸭肝　1/4 块
盐、胡椒粉　适量
菊苣属植物、特洛维斯莴苣、欧芹、底特律甜菜、野苣
等　适量
法式调味汁（见 177 页）　60 毫升
草莓　4 颗
木莓　8 颗
黑莓　8 颗
蓝莓　8 颗
浓缩巴萨米克调味汁　（见 179 页）　少量
草莓调味汁（见 178 页）　少量

✖ 做法

1 清理鸭胸肉，保留 5 毫米左右的油脂，去除肉筋。配
好腌渍用调和盐，撒在鸭肉上静置 24 小时。

2 将 A 的蔬菜切成薄片，用色拉油炒制，使蔬菜的甜味
更加明显。加入红酒，收汁后静置冷却。

3 洗净鸭肉上的调和盐，放入 A 中腌制 12 小时。

4 再次洗净鸭肉，放入冰箱冷藏干燥 12 小时。

5 在鸭肝上撒上 1.5% 的盐、胡椒粉，放入真空袋中。
使用对流式烤箱加热（蒸汽量 70%，加热 30~35 分钟）。
然后立刻放入冰水中，捞出后去除多余的油脂，用烟
熏布包裹起来，再放入真空袋中 24 小时，等待烟熏
的味道附着在鸭肝上。

6 将鸭肉和鸭肝分别切成 3 毫米厚的片。

7 向其他蔬菜中倒入法式调味汁，拌匀，装盘。交替摆
上鸭肉、鸭肝和各种莓果，再浇上浓缩巴萨米克调味
汁和草莓调味汁即可。

韩式辣白菜鸡肉海苔沙拉

李南河韩式料理

这道沙拉非常适合作为下酒菜。白菜泡菜的酸味也十分百搭。鸡肉不使用平底锅，而是直火烧烤，更能激发出其本身的香味。

🍱 材料（4 人份）

韩式辣白菜　100 克
鸡腿肉　160 克
A
├─ 烤肉调味汁（市售）　2 小匙
├─ 大蒜末　4 克
└─ 芝麻油　2 小匙
盐、胡椒粉　各适量
韩国海苔　2 片
芝麻油　2 小匙

✳ 做法

1 鸡腿肉从中间切开，片成薄片。用 A 中的材料揉搓。撒上盐和胡椒粉，在火上烤熟。

2 按照鸡腿肉、韩国海苔、白菜泡菜、韩国海苔的顺序依次装盘，旁边浇上芝麻油即可。

涮猪里脊辣腐乳沙拉

美虎中餐厅

腐乳的独特风味能够刺激食欲。猪肉在刚刚受热，还保留着淡粉色的状态下最为美味。此外，还加入了大量壬生菜，口感也十分丰富。

🍱 材料（4 人份）

猪里脊（涮锅用）　4 片
番茄　1 个
壬生菜　1/4 颗
辣腐乳调味汁（见 187 页）　适量

✳ 做法

1 猪里脊用热水焯一下，迅速捞出，放入冷水中冷却。番茄切成 2 毫米的片状。壬生菜切成 4 厘米左右。

2 将猪里脊、番茄、壬生菜放入碗中，加入适量的辣腐乳调味汁，轻轻混合。

3 不要放置过长时间，适合迅速装盘食用。

食叶类、食茎类蔬菜

橄榄油蒸小松菜香菇沙拉

春日意式餐厅（リストランテ プリマヴェーラ）

可以根据个人喜好调整小松菜的软硬程度。在意大利一般不会考虑色彩搭配，而是倾向于将小松菜蒸得尽可能软烂。用菠菜或青菜来代替小松菜也一样美味。

🍴 材料（4 人份）

小松菜　5 棵
香菇　2 颗
特级初榨橄榄油　适量
盐　适量
蛋黄　2 个
帕尔马奶酪碎　15 克
黑胡椒碎　适量

❌ 做法

1　小松菜保留根部，切成两半，用清水洗净。

2　香菇去掉柄部，切成薄片。

3　准备一个蒸菜用的盘子，先放上一层沥干的小松菜，再撒上香菇。

4　浇上大量的特级初榨橄榄油和盐，盖上保鲜膜，蒸 10 分钟左右。

5　在蒸蔬菜的同时，将蛋黄打入碗内，搅拌均匀。

6　取出蒸至软烂的小松菜，轻轻沥干水分。

7　将小松菜和香菇放在事先用水湿润的盘子上。

8　浇上搅拌均匀的蛋黄，撒上处理好的帕尔马奶酪碎。浇特级初榨橄榄油，根据个人口味撒上适量黑胡椒碎，趁热食用即可。

油炸小甘蓝配意式培根凤尾鱼调味汁

春日意式餐厅（リストランテ ブリマヴェーラ）

将春季最新鲜的抱子甘蓝和抱子羽衣甘蓝油炸处理，浇上温热的调味汁一同食用。意式培根指的是腌渍后的猪五花，也可以用普通培根代替。

🛒 材料（4 人份）

抱子甘蓝　10 个
抱子羽衣甘蓝　10 个
油炸用油　适量
盐　适量
意式培根凤尾鱼调味汁（见 175 页）全量

❌ 做法

1 油温加热至 160℃，放入抱子甘蓝和抱子羽衣甘蓝炸制，捞出后沥干撒上盐。

2 将抱子甘蓝和抱子羽衣甘蓝装盘，在周围浇上意式培根凤尾鱼调味汁即可。

圆白菜温沙拉

美虎中餐厅

这道沙拉虽然简单，但充分发挥了新鲜的圆白菜本身的美味。仅凭食材本身的甘甜就能够制作出一道好沙拉。

🛒 材料（4 人份）

圆白菜　6 片
生姜　适量
芝麻油　4 大匙
盐　适量
蚝油鱼酱叶（见 184 页）　适量

❌ 做法

1 将圆白菜用手撕成适口大小，放入到加了盐的水中焯熟。

2 向蚝油鱼酱汁中加入生姜丝和焯熟的圆白菜，从上面浇上热芝麻油。

3 搅拌均匀使其充分入味，装盘即可。

意式圆白菜温沙拉

春日意式餐厅（リストランテ プリマヴェーラ）

蒸熟的圆白菜软烂香甜。制作西西里柠檬酱的要点是保留柠檬的酸味。这是一道非常适合在春季使用新鲜食材制作的温沙拉。

🥡 材料（4 人份）

圆白菜　半棵
盐　适量
西西里柠檬酱（见 175 页）　全量

✖ 做法

1 将圆白菜切成半圆形，撒上盐后蒸制软烂。

2 取出圆白菜，放在事先温好的盘子上，浇上西西里柠檬酱即可。

蚝油浇汁油菜沙拉

美虎中餐厅

这道沙拉充分突出了油菜的原味，有一种类似汤浸蔬菜的风味。快速焯熟后浇上蚝油调味汁，趁热食用。

🥡 材料（4 人份）

油菜　1 棵
色拉油　少量
盐　少量
蚝油调味汁（见 185 页）　适量

✖ 做法

1 切除油菜的根部，在茎部用刀划一个十字形，便于迅速受热。浇上色拉油，撒上盐，放入水中迅速焯熟。

2 沥干后装盘，浇上蚝油调味汁即可。

风味九条葱沙拉

玄斋日式餐厅

蒸熟的九条葱浇上刚刚烧热的色拉油。生姜与酒盗的香气十分刺激食欲。注意不要影响葱的口感。

🛒 材料（4 人份）

九条葱　2~4 根
生姜　少量
日本酒　少量
酒盗　少量
色拉油　少量

❌ 做法

1 九条葱的葱白与绿色部分切开，切成段。

2 葱白放在耐热的盘子里，摆上姜片。倒入少量日本酒，上锅蒸熟。

3 蒸的过程中放入绿色的葱叶部分，到刚刚熟的程度立刻取出，撒上切碎的酒盗。

4 浇上刚烧热的油，立即上桌即可。

煎蚕豆竹笋拌黑橄榄沙拉

春日意式餐厅（リストランテ プリマヴェーラ）

长柄锅指的是在户外使用的较重的平底锅，适合花时间慢慢煎食材时使用，也可以用特氟龙不粘锅代替。

🛒 材料（4 人份）

水煮蚕豆 20 颗｜水煮竹笋 1/2 根｜黑橄榄 10 颗
盐适量｜黑胡椒适量｜特级初榨橄榄油适量
帕尔马奶酪碎适量

❌ 做法

1 在长柄锅中倒入特级初榨橄榄油，加入去核的黑橄榄，小火慢煎。

2 加入蚕豆和切好的竹笋，炒至略有焦黄，加适量盐调味。

3 装盘，撒上黑胡椒和帕尔马奶酪碎，最后浇上特级初榨橄榄油即可。

白菜冻煎生蚝沙拉

本多意式餐厅（リストランテ ホンダ）

这道沙拉使用了霜后甘甜的白菜。因为白菜水分较多，所以要用肉汤蒸煮，使味道更加浓郁。

🏷 材料（4 人份）

白菜冻
- 白菜　1/4 棵
- 肉汤　200 毫升
- 松露碎　适量
- 鸭肝　50 克
- 生奶油　75 克
- 鸡蛋　1 个
- 松露高汤　15 克
- 干邑白兰地　少量

面粉、色拉油、白砂糖　各适量

煎生蚝
- 生蚝　8 个
- 红酒醋　10 毫升

白菜沙拉
- 白菜　4 片
- 法式调味汁（见 177 页）

红酒调味汁　以下适量
- 红酒　375 毫升
- 红葱碎　1 个的量
- 葡萄干　8 克
- 粗粒胡椒　1 颗
- 小牛高汤　180 毫升

牛蒡脆片
- 牛蒡　20 厘米
- 色拉油　适量

岩盐、胡椒　适量

鸡杂　少量

❌ 做法

1 准备制作白菜冻。将白菜叶放入锅中，倒入肉汤蒸煮软烂，捞出后沥干。

2 鸭肝过筛成泥状，加入鸡蛋、松露高汤、干邑搅拌均匀。再加入温热的生奶油，搅拌均匀过筛。

3 在蔬菜冻的模具中放入白菜叶，按照松露碎、步骤 2 的材料、白菜的顺序倒入，重复几次。用保鲜膜包裹住，避免水分渗入，然后放入对流式烤箱中加热（阀门 93%，加热 25~30 分钟）。如果没有对流式烤箱，可以使用水浴法放入 150℃的烤箱中加热 1 小时左右。

4 取出后用重量较轻的重物压住，静置冷却。

5 制作煎生蚝。生蚝肉沥干，放入没有油的平底锅中煎至有明显香味，浇上红酒醋。

6 制作白菜沙拉。白菜切丝，倒上法式酱汁，搅拌均匀入味。

7 制作红酒调味汁。将红酒、切碎的红葱、葡萄干和 粗粒胡椒混合后加热，煮成有光泽的液体，倒入小牛高汤后再继续煮一段时间收汁。

8 制作牛蒡脆片。牛蒡纵向切成薄片，用 160℃的色拉油煎至金黄。

9 将白菜蔬菜冻切成 1.5 厘米厚的片状，裹上面粉，用色拉油煎。表面撒白砂糖，用烧烤炉将表面烤出焦糖效果。

10 盘子里浇红酒调味汁，摆上白菜冻和煎生蚝，撒上岩盐、胡椒粉和少量鸡杂。装饰上白菜沙拉和牛蒡脆片即可。

蔬菜锅巴汤沙拉

美虎中餐厅

这道沙拉使用了蔬菜和五谷米，非常健康养生。一定要搭配清爽的优质上汤。

🥗 材料（4 人份）

豆苗　8 根
白菜　1/4 棵
罗马生菜　2 片
*上汤　400 毫升
五谷米锅巴（市售）　2 块
油炸用油　少量
芝麻油调味汁（见 185 页）　适量

❌ 做法

1 豆苗切段，白菜切丝，罗马生菜切成适口大小。

2 将五谷米锅巴放入 180℃ 中的热油炸制，分割成适口大小。

3 将蔬菜和锅巴装盘，浇上芝麻油调味汁，倒入加热好的上汤即可。

> *上汤，就是清汤中最高品质的高汤。将整只鸡、牛肉、猪肉、金华火腿一同炖煮，去除杂质，加入少量盐调味。

双笋蛤蜊温沙拉

浩司五十岚蔬菜料理（コウジ イガラシ オゥ レギューム）

汇聚当季食材，春季最新鲜的意式欧芹的香气是亮点。

📋 材料（2 人份）

竹笋（小）　1 个
白芦笋　4 根
绿芦笋　2 根
蛤蜊　200 克
＊鸡汤　30 毫升
特级初榨橄榄油　20 克
黄油　20 克
盐、胡椒粉　适量
酸辣调味汁（见 173 页）　50 毫升
意式欧芹　适量

✖ 做法

1　竹笋去皮，与米糠一起放入水中煮熟，无需捞出，浸泡一段时间。

2　白芦笋去皮，放入热盐水中，煮到保持口感脆硬即可。

3　绿芦笋也采用白芦笋相同的处理方式，分别捞出沥干。

4　将蛤蜊与切成适口大小的竹笋、白芦笋和绿芦笋一起放入锅内，加入鸡汤、特级初榨橄榄油和黄油一同炖煮。整体食材炖煮软烂后加盐和胡椒粉调味。

5　装盘，周围浇上酸辣调味汁，整体撒上意式欧芹即可。

> ＊鸡汤，取半只鸡，用清水洗净。加入 10 升水、1 个洋葱、1 根胡萝卜、1 根西芹、1/2 根韭葱、1 片月桂、少量西芹茎一同开火煮沸，捞出杂质。沸腾后关小火，煮大约 4 小时后用漏勺捞出菜和肉。

罗勒风味绿色蔬菜水煮蛋沙拉

春日意式餐厅（リストランテ プリマヴェーラ）

如果没有罗勒风味调味汁，可以撒上大量切碎的罗勒叶来代替。天气炎热，如果想品尝更加爽口的沙拉，可以再挤上少许柠檬，增加一丝酸甜。

材料（4人份）

绿芦笋　3根
扁豆　5根
西蓝花　3颗
煮鸡蛋　2个
帕尔马奶酪屑　5克
切片面包　1片
特级初榨橄榄油　适量
罗勒风味调味汁（见177页）　50克
盐、黑胡椒粉　适量
帕尔马奶酪　适量

做法

1 将清洗好的绿芦笋、扁豆和西蓝花
　用盐水煮熟。

2 面包切成宽约1厘米的条，放入倒
　入了特级初榨橄榄油的平底锅中，
　慢火煎至金黄酥脆。

3 煮鸡蛋去壳，切碎。将步骤1处理
　好的蔬菜切成适口大小，与煮鸡蛋
　一起放入碗中。倒入罗勒风味调味
　汁和帕尔马奶酪屑，搅拌均匀，再
　加入盐和黑胡椒粉调味。

4 装盘，撒上帕尔马奶酪屑即可。

竹笋甜豆沙拉

玄斋日式餐厅

这道沙拉使用了蜂斗菜和笋尖，充满了春天气息的。清晨采摘的竹笋没有涩味，直接蒸熟就十分美味。

🍴 材料（4 人份）

竹笋　2~4 根
甜豆　8 个
蜂斗菜醋味噌（见 181 页）　适量
蜂斗菜　4 个
盐　少量
水淀粉、蛋清　各少量
色拉油　少量

❌ 做法

1　将清晨采摘的竹笋清洗干净，切除根部较硬的部分，沥干水分。用锡纸包裹起来，放入 200℃ 的烤箱中烤制 40 分钟。放在温暖的地方静置一段时间。

2　清理掉甜豆的柄和茎，清水洗净后撒盐蒸熟。

3　混合水淀粉和蛋清，制作出薄薄的面糊，将蜂斗菜裹上面糊，放入 170℃ 的油锅中炸成天妇罗。

4　将烤好的竹笋连皮一起纵向切成两半。装盘，上面放上盐蒸甜豆和蜂斗菜天妇罗，另取一个小杯子盛蜂斗菜醋味噌，一同上桌即可。

野菜沙拉

浩司五十岚蔬菜料理（コウジ イガラシ オゥ レギューム）

将各类野菜或炸、或煮、或腌泡制作出的野菜沙拉。为了能够和油的香味更加匹配，在调味汁上也下了一番功夫。

🕐 材料（4 人份）

蜂斗菜、楤木芽　各 4 个

黄瓜香、土当归（前端）　各 4 根

竹笋（小）　2 根

绿芦笋　4 根

野蒜　4 根

野姜　2 个

山当归　6 厘米

扇贝　4 个

水果番茄　1 个

芝麻菜、紫水菜、菊苣　适量

油炸用面糊

  — 低筋面粉　60 克

  — 泡打粉　6 克

  — 水　100 毫升

  — 牛奶　25 毫升

  — 砂糖、盐、特级初榨橄榄油　少量

腌泡酱汁

  — 白葡萄酒　25 毫升

  — 白葡萄酒醋　25 毫升

  — 特级初榨橄榄油　100 毫升

  — 红葱碎　1 大匙

  — 盐、香草　适量

油炸用菜籽油　适量

特级初榨橄榄油　适量

巴萨米克醋　适量

盐、胡椒粉　各适量

蜂斗菜辣酱油

  — 酸辣调味汁（见 173 页）　100 克

  — 蜂斗菜　2 个

  — 淀粉、油炸用油　适量

  — 黑橄榄　适量

刺山柑橄榄酱（见 173 页）　适量

❌ 做法

1 制作油炸用面糊。按照材料表中的顺序将材料混合。

2 将蜂斗菜、楤木芽、黄瓜香、土当归分别用清水洗净，裹上面糊放入 170℃ 的油锅中油炸，捞出后撒适量盐。

3 将竹笋、绿芦笋和野蒜用热水迅速焯熟，捞出后用特级初榨橄榄油煎制，加入盐和胡椒调味。

4 将制作腌泡酱汁用的材料放入锅内，烧至沸腾，加入野姜和山当归后关火，然后静置一晚的时间。

5 扇贝用特级初榨橄榄油煎。水果番茄切成半圆，再用特级初榨橄榄油煎制。

6 制作蜂斗菜辣酱油。将蜂斗菜裹上淀粉，放入 170℃ 的有锅中油炸，捞出后切碎。然后与切碎的黑橄榄一起放入辣酱油中。

7 将扇贝放在中间，其余食材装盘，点缀上芝麻菜、紫水菜和菊苣。最后浇上煮浓稠的巴萨米克醋、蜂斗菜辣酱油和橄榄酱即可。

茭白金针菜温沙拉

美虎中餐厅

风味独特的茭白和金针菜搭配香气扑鼻的虾米和咸鱼，令人食欲大增。这道沙拉适合搭配黄酒。

🏷 材料（4 人份）

茭白　1 根
金针菜　40 克
虾米咸鱼调味汁（见 185 页）　适量

✖ 做法

1 茭白去皮，斜切成长 4 厘米左右的条。

2 将茭白、金针菜分别用热水焯熟。注意保留食材原本的口感。

3 将虾米咸鱼调味汁倒入焯熟的茭白和金针菜中，拌匀后装盘即可。

食果实类蔬菜

麻辣番茄沙拉
美虎中餐厅

加入了麻辣汤底，整道沙拉都是红彤彤的，对于爱吃辣的人来说是一道不可多得的美味。还可以根据口味加入香菜和花椒粉。番茄的甜在辣味的衬托下更加突出。

🛒 材料（3 人份）

番茄　3 个
大蒜末　1/2 大匙
生姜末　1/2 大匙
色拉油　少量
麻辣汤底（见 187
页）　适量
香菜　适量
花椒粉　少量

✖ 做法

1　番茄用热水烫熟去皮。

2　在砂锅中倒入色拉油加热，加入蒜末、姜末轻轻翻炒，闻到香气后倒入麻辣汤底，继续加热。

3　放入番茄，小火煮 5 分钟左右。按照个人口味加入适量的香菜和花椒粉，趁热上桌即可。

煎嫩羊排蔬菜沙拉

本多意式餐厅（リストランテ ホンダ）

这是一道可以当作主食的沙拉。嫩羊排与蔬菜的大拼盘，嫩羊排的酱汁用的是圣女果沙拉调味汁，让整体的蔬菜风味更佳突出。

🥗 材料（4 人份）

煎嫩羊排
- 带骨嫩羊排　8 根
- 盐、胡椒粉　适量
- 面粉、鸡蛋、面包糠　各适量

色拉油　适量
圣女果沙拉调味汁（见 179 页）　全量
洋蓟（可生食）　2 个

野生芝麻菜　适量
法式调味汁（第 177 页）　适量
柠檬汁、盐、胡椒粉　各适量
黑胡椒碎　少量

❌ 做法

1　洋蓟去皮切片，沾上柠檬水（分量外）防止变色。洋蓟和野生芝麻菜加入法式调味汁、柠檬汁、盐和胡椒粉调味。

2　制作煎嫩羊排。去除带骨嫩羊排上多余的油脂，切成一人份。撒上盐和胡椒粉。

3　按照面粉、鸡蛋和面包糠的顺序，给羊排裹上面糊，重复两次。然后放入温度适中的色拉油中，炸至金黄。

4　羊排装盘，倒上圣女果沙拉调味汁，搭配洋蓟和野生芝麻菜，最后撒上黑胡椒碎即可。

网烤辣椒马鬃肉沙拉

玄斋日式餐厅

马鬃肉指的是可食用马肉的鬃毛与躯干的连接部位。虽然几乎都是脂肪，但富含优质的糖原。马鬃肉数量有限十分珍贵，在盛产马肉的日本熊本地区一般会作为"马鬃肉刺身"食用。使用喷枪或烤箱烤制马鬃肉，油脂溶化后香气扑鼻。这道沙拉一定要趁热食用。

🍴 材料（4 人份）

辣椒　4~8 个
色拉油　少量
马鬃肉　少量
高汤酱油汁（见 180 页）　少量
姜末　少量
花鲣鱼片　少量

✖ 做法

1　在辣椒表面涂一层色拉油，用烤网烤制。

2　两面都烤到八成熟后，在上面放马鬃肉，利用透过辣椒的火苗微微加热。

3　在高汤酱油汁中加入姜末，倒入盘中，再放入步骤 2 烤制完成的食材。撒上花鲣鱼片即可。

柚子胡椒风味茄子沙拉

美虎中餐厅

刚出油锅的炸茄子搭配柚子胡椒风味的调味汁，趁热食用最美味。茄子越新鲜越好。

🫑 材料（4 人份）

茄子　2 根
油炸用油　适量
柚子胡椒风味调味汁（见 187 页）　适量

✖ 做法

1　茄子削掉三条表皮。切成长 4 厘米的块状，再纵向对半切开。

2　放入 170℃的油中炸制，炸到内部软烂即可。

3　放入柚子胡椒风味调味汁中，搅拌均匀使其入味，装盘上菜即可。

双色西葫芦辣拌沙拉

李南河韩式料理

热乎乎的荚瓜搭配又辣又甜的调味汁，趁热搅拌更加入味。

🫑 材料（4 人份）

西葫芦　2/3 根
黄西葫芦　2/3 根
面粉、色拉油　适量
洋葱　1/6 个
辣味噌调味汁（见 188 页）　2 大匙
辣椒子　少量

✖ 做法

1　西葫芦切片，裹上面粉，放入 180℃的色拉油中油炸。

2　洋葱切片，放入 180℃的色拉油中迅速过油。

3　加热辣味噌调味汁。趁热与西葫芦和洋葱搅拌均匀，使其充分入味。

4　装盘，撒上辣椒子即可。

腌泡南瓜沙拉

春日意式餐厅（リストランテ プリマヴェーラ）

油炸后的南瓜软糯可口，搭配酸味的腌泡酱汁更是十分开胃。做好的沙拉可以保存一周左右，所以可以稍稍多做一些，用作派对沙拉或是招待突然来访的客人。

🏷 材料（4 人份）

南瓜　1/4 个
油炸用油、盐　各适量
腌泡酱汁
├ 白葡萄酒醋　160 毫升
├ 蜂蜜　80 毫升
├ 葡萄干（白）　30 克
└ 烤松子　20 克

✖ 做法

1 南瓜带皮切成厚度为 1 厘米左右的片，放入 180℃～200℃的油锅中炸制颜色金黄，撒上少许盐。

2 混合制作腌泡酱汁需要的材料，上火煮沸。

3 趁着酱汁余温未散，将南瓜放入其中，静置入味。

4 在冰箱内冷藏一天左右，等其充分入味后即可食用。

红彩椒舒芙蕾配芦笋冰激凌

本多意式餐厅（リストランテ ホンダ）

适合初夏到盛夏季节食用的沙拉。温热的红彩椒舒芙蕾搭配芦笋皮制作的意式冰激凌，别有一番风味。

🔖 材料（4 人份）

红彩椒舒芙蕾
- 红彩椒果泥　50 克
  - 红彩椒　6 个
  - 特级初榨橄榄油　适量
  - 高汤　200 克

- 法式白酱　40 克
  - 黄油　50 克
  - 面粉　50 克
  - 牛奶　250 克

- 帕尔马干酪　120 克
- 咖喱粉　1 小撮
- 鸡蛋　80 克
- 白砂糖　20 克

芦笋意式冰激凌
- 绿芦笋　150 克
- 芦笋皮　300 克
- 牛奶　250 克
- 白砂糖　105 克
- 蛋黄　4 个
- 鲜奶油（乳脂肪含量 45%）　135 克

绿芦笋　4 根
法式调味汁（见 177 页）　适量
粗粒胡椒　少量
香芹叶　少量

❌ 做法

1　制作红彩椒舒芙蕾。取一半的红椒，用火炙烤去皮，去子后切成薄片。剩下的一半直接切片，两边都用特级初榨橄榄油炒制，使其更加香甜。

2　在上一步的彩椒中倒入高汤煮沸。彩椒变软后倒入搅拌机中，制作成泥。

3　制作法式白酱。将黄油融化，加入面粉炒制。少量多次地倒入牛奶，避免结团。然后撒入帕尔马干酪碎，搅拌融化。

4　取 40 克法式白酱，加入 50 克红椒泥和咖喱粉，搅拌均匀。

5　鸡蛋和白砂糖打发，放入步骤 4 的材料中，混合均匀。

6　在舒芙蕾模具的内侧涂上一层黄油，撒上面粉（分量外），倒入步骤 5 处理完成的材料，放入 200℃的烤箱中烤制 10~12 分钟。

7　制作芦笋意式冰激凌。绿芦笋去皮洗净。将芦笋皮和牛奶放入锅中煮制，等到香味散发出来，放入搅拌机中搅拌，过滤出芦笋皮残渣。

8　将蛋黄和白砂糖混合，加入第 7 步制作的液体，再次倒入锅中，煮到黏稠。

9　用冰水冷却，加入鲜奶油后放入冰激凌机中。

10　剩余的芦笋去皮后纵向切成条状，倒入法式调味汁，搅拌均匀。

11　绿芦笋装盘，盛出冰激凌。搭配粗粒胡椒和适量的香芹叶。最后摆上刚刚拿出烤箱的热腾腾的红彩椒舒芙蕾即可。

辛辣烤菜花沙拉

无肉不欢法式餐厅（マルディ グラ）

烤咖喱风味的菜花沙拉。表面香喷喷，里面还是水分十足。

🍱 材料（1 盘）

菜花　1 棵

无水黄油　80 毫升

大蒜　1 小块

茴香颗粒　1 大匙

香菜籽　1 大匙

咖喱粉　1 小匙

多香果粉末　1 小匙

月桂　1 片

百里香　1 枝

盐、胡椒粉　各适量

✖ 做法

1　锅中放入无水黄油加热，温热后加入带皮的大蒜、各种香辛料和香草提香。大蒜连皮放入，香味会更加突出。

2　将使用了盐和胡椒粉调味的菜花整棵放入步骤 1 的材料中。

3　盖上盖子，放入 250℃ 的烤箱中烤制七八分钟。中途将黄油均匀地浇在菜花上，再次烤制即可。

芝麻酱拌蒸蔬菜沙拉

食事屋日式料理（たべごと屋 のらぼう）

热腾腾的时令蔬菜搭配芝麻酱。也可加入一些肉类，搭配柚子醋也十分美味。

📖 材料（4 人份）

荷兰豆　8 根
玉米笋　12 个
芜菁　4 个
红彩椒　1 个
圆白菜　半棵
四季豆　8 根
红洋葱、洋葱　各 1 个
芝麻调味酱（见 182 页）　4 大匙

✖ 做法

1 荷兰豆去柄去筋。玉米笋去皮。
  芜菁切成半圆形，彩椒切片，圆
  白菜切成适口大小。四季豆切成
  长 5 厘米左右。洋葱切丝。

2 上述食材分别放入蒸锅中，蒸
  2~2.5 分钟。其中，荷兰豆和玉米
  笋需要事先煮熟。

3 趁热装盘，搭配芝麻调味酱一同
  食用即可。

菜花西蓝花配鸡皮脆片温沙拉

李南河韩式料理

将焦脆的鸡皮作为脆饼，一边掰开一边食用。因为鸡皮脆片的味道十分浓郁，所以菜花和西蓝花的味道可以适当淡一些。

🍴 材料（4 人份）

菜花　1/4 棵
西蓝花　1/4 棵
芝麻油、盐、胡椒粉　适量
特级初榨橄榄油　2 小匙
大蒜末　4 克
鸡皮　8 片
烤肉酱汁（市售）　100 毫升
├─水糖　20 克
└─巴萨米克醋　1 大匙
白芝麻、黑胡椒碎　少量

✖ 做法

1　将菜花和西蓝花分成小块，用盐水煮熟。捞出后沥干，趁热加入芝麻油、盐、特级初榨橄榄油和蒜末，搅拌均匀。

2　制作鸡皮脆片。将鸡皮平整地铺在烘焙纸上，放入 200℃的烤箱烤制 30 分钟左右。待油脂渗出，鸡皮焦脆后便可取出。

3　将烤肉酱汁与水糖混合，倒入锅中加热，煮到浓稠（约变为之前一半的量）。放入鸡皮，加入巴萨米克醋调味。

4　在平底锅上铺上烘焙纸，摆放好鸡皮，用 30~60 分钟左右慢慢煎制。

5　将菜花和西蓝花装盘，撒上白芝麻和黑胡椒碎，鸡皮脆片摆在旁边即可。

食根茎类蔬菜

黄芜菁舒芙蕾温沙拉
无肉不欢法式餐厅（マルディ グラ）

舒芙蕾中加入芜菁果泥和奶酪，香甜软糯，宜趁热食用。

🛒 材料（1个）

黄芜菁果泥　120 克
- 黄芜菁　6 个（约 1 千克）
- 水　1.5 升
- 姜黄粉　2 大匙
- 盐　2 小匙

法式奶酪酱汁　60 克
- 低筋粉　1 大匙
- 无盐黄油　1 大匙
- 牛奶　120 毫升
- 格吕耶尔奶酪碎　5 大匙
- 盐、胡椒粉　适量

蛋白酥皮
- 蛋清　40 克
- 盐、白砂糖　少量

✖ 做法

1　制作黄芜菁果泥。黄芜菁去蒂，取出内部的果肉，放进加入了姜黄粉的盐水中煮至软烂。用搅拌器搅成果泥状，之前剥下的外皮可以作为容器。

2　制作法式奶酪酱汁。将无盐黄油放入锅中加热。冒泡后倒入低筋粉翻炒，不要使其上色。少量多次的加入 60℃ 左右的牛奶，搅拌均匀加入格吕耶尔奶酪、盐和胡椒粉调味。

3　制作蛋白酥皮。在蛋清中加入盐和白砂糖，用打蛋器充分打发。

4　将黄芜菁果泥、法式奶酪酱汁和蛋白酥皮混合（注意保留泡沫），完成舒芙蕾的面糊。

5　将步骤 4 的面糊倒入芜菁皮中，放入 220℃ 的烤箱中烤制 13 分钟左右，取出后趁热食用即可。

小土豆洋葱沙拉

浩司五十岚蔬菜料理（コウジ イガラシ オゥ レギューム）

这道料理使用了小土豆与煎至恰到好处的洋葱，洋葱的甜味也十分提味。

🥗 材料（4 人份）

小土豆　8 个
培根　40 克
黄油　20 克
特级初榨橄榄油　10 毫升
洋葱（炒制用）　3/4 个
洋葱（烤脆片用）　1/2 个
派皮（市售）　50 克
蓝纹奶酪　20 克
鲜奶油　20 克
番茄干（市售）　12 个
盐、胡椒粉　各适量
意式欧芹　20 片

✖ 做法

1 将小土豆整个蒸熟，去皮后切成适口大小。

2 在平底锅中放入黄油和特级初榨橄榄油，将培根煎至金黄。用渗出的油脂煎小土豆。加入盐和胡椒粉调味。

3 将用来炒制的洋葱切成薄片，使用特级初榨橄榄油（分量外）炒至焦糖色。加入盐和胡椒粉调味。

4 将用来制作洋葱脆片的洋葱切成薄片，放入 100℃ 的烤箱中烤制。

5 将派皮擀成 3 毫米左右的薄派皮，用直径 8 厘米的模具定型，放入 200℃ 的烤箱中烤制 20 分钟。

6 使用模具将派皮、炒洋葱、小土豆按顺序装盘，上面装饰洋葱脆片。

7 浇上蓝纹奶酪和鲜奶油调的酱汁，最后点缀番茄干和意式欧芹即可。

烤芜菁茼蒿沙拉

春日意式餐厅（リストランテ ブリマヴェーラ）

尽量使用大一些的芜菁。因为芜菁的含水量不同，所以要注意掌握火候。如果选用的是含水量较多的芜菁，可以搭配口味重一些的调味汁。

🍅 材料（4人份）

芜菁　2个
芜菁叶　1片
茼蒿　4根
特级初榨橄榄油、盐　适量
山柑凤尾鱼调味汁（见175页）　全量
核桃碎　5个的量

❌ 做法

1 削去芜菁的顶部和底部，去皮。横向切成两半。

2 在平底锅中倒入特级初榨橄榄油，放入芜菁煎制，使其均匀上色。

3 加入芜菁叶和茼蒿，迅速煎一下，加盐调味。

4 将煎好的芜菁、芜菁叶和茼蒿装盘，浇入山柑凤尾鱼调味汁。

5 最后撒上核桃碎即可。

香烤百合萝卜泥沙拉

春日意式餐厅（リストランテ ブリマヴェーラ）

萝卜泥不要处理得过于细腻。用特级初榨橄榄油和盐来调味能突出食材的甜味。可以用辣椒翻炒的萝卜叶子代替百合。

🥗 材料（4 人份）

百合（大）　1 颗
盐　适量
萝卜泥
├─ 青萝卜　500 克
├─ 特级初榨橄榄油　60 克
└─ 水　60 克
特级初榨橄榄油　少量

❌ 做法

1 制作萝卜泥。青萝卜去皮，切成厚 1 厘米左右的扇形。

2 锅中倒入特级初榨橄榄油，加入萝卜，小火炒制 10 分钟左右，不要上色。萝卜变软后倒入水，微微煮一会儿。

3 煮好的萝卜放入搅拌机中，打成萝卜泥。

4 百合清洗干净。擦干后撒上盐和特级初榨橄榄油，用锡纸包裹后放入 200℃的烤箱中烤制，烤至竹扦能够轻松穿过即可。

5 将温热的萝卜泥倒入容器，上置烤好的百合，最后浇上特级初榨橄榄油即可。

蔬菜可乐饼配红椒番茄酱

无肉不欢法式餐厅（マルディ グラ）

酥脆的蔬菜土豆饼搭配红椒味的番茄酱，十分新颖。

🛒 材料（6 个）

土豆　2 个
洋葱　1/2 个
胡萝卜　1 根
西蓝花　1/2 棵
高筋粉　适量
鸡蛋　适量
面包粉　适量
油炸用橄榄油　适量
盐、胡椒　适量
红椒番茄酱（见 171 页）　适量
意式欧芹　适量

✖ 做法

1 制作土豆饼的内馅。土豆、洋葱
　和胡萝卜去皮切块。按照硬度顺
　序放入盐水中，煮至软烂后碾成
　泥。西蓝花放入盐水中煮熟，保
　留蔬菜口感，取出后用刀切碎，
　上述食材一起加入盐和胡椒和搅
　拌均匀。

2 土豆饼内馅用直径 5 厘米的模具
　造型。因为蔬菜都是煮熟的，水
　分较多，所以需要用模具来造型，
　如果是水分较少的土豆，可以直
　接用手捏成想要的形状。

3 撒上高筋粉，裹上打散的鸡蛋，
　蘸面包粉，放入 170℃的橄榄油
　中炸。

4 装盘，点缀意式欧芹和红椒番茄
　酱即可。

土豆奶油沙拉

浩司五十岚蔬菜料理（コウジ イガラシ オゥ レギュ一ム）

松露、鸡蛋和土豆的搭配十分和谐，尽量选用没有特殊味道的辛西娅土豆。

🛒 材料（4 人份）

土豆　3 个
* 自制鲜猪肉　20 克
蛋液
    ├ 蛋黄　2 个
    ├ 鸡蛋　2 个
    ├ 帕尔马奶酪碎　1 大匙
    ├ 黑胡椒粉　适量
    └ 鲜奶油　30 毫升
特级初榨橄榄油　适量
黑胡椒（粗粒）　适量
竹炭盐　适量
黑松露　适量
意式欧芹　适量

✖ 做法

1 土豆整个蒸熟，去皮后切成适口大小。

2 将自制鲜猪肉切成丝，用特级初榨橄榄油慢慢煎出香味，再将土豆放在油上煎。

3 将搅拌好的蛋液倒入锅中，制作成嫩煎鸡蛋，要保持鸡蛋柔滑的口感。

4 装盘，撒上粗粒黑胡椒、竹炭盐、黑松露片和意式欧芹即可。

> * 自制鲜猪肉，在猪五花上撒上 4% 的盐和 0.2% 的砂糖，放入塑料袋后放入冰箱冷藏 2 天。用水清洗后，包上脱水纸再放回冰箱中。2 天更换一次脱水纸，一共放置 5 天。

迷迭香烤土豆牛油果沙拉

春日意式餐厅（リストランテ ブリマヴェーラ）

这是来自意大利的托斯卡纳地区最正宗的味道，一定要多加入一些迷迭香。步骤 1 中加入一些鸡肉，就可以作为一道分量十足的荤菜了。

🛒 材料（4 人份）

土豆　3 个
迷迭香　2 枝
大蒜末　1 小块
盐　适量
特级初榨橄榄油　适量
牛油果泥（见 175 页）　全量

❌ 做法

1 在碗中放入适口的土豆块、迷迭香和蒜末，浇上特级初榨橄榄油，撒上盐再充分混合，让每种食材都沾上橄榄油。

2 放入 200℃的烤箱中烤制。为了让整体充分受热，所以要不时搅拌一下。

3 土豆烤熟后装盘，浇上牛油果泥即可。

橄榄油风味毛豆土豆沙拉

春日意式餐厅（リストランテ プリマヴェーラ）

这道沙拉在意大利还会加入章鱼等海鲜一同食用。可以用蚕豆来代替毛豆。煎到焦香的面包屑是亮点，最后一步要使用香气十足的特级初榨橄榄油。

材料（4人份）

土豆　3个
毛豆　1袋
意式欧芹碎　1小搓
盐、胡椒粉　各适量
面包屑　适量
特级初榨橄榄油　适量

做法

1 土豆用盐水煮熟，趁热去皮。将去皮的土豆放入碗中，用叉子压碎，保留一些大块的土豆。

2 毛豆用盐揉搓，放入热水中煮熟。

3 捞出后静置冷却，剥出豆子。

4 将面包屑放入平底锅中煎至喷香焦黄。

5 将毛豆、意式欧芹放入土豆中，加入盐和胡椒粉调味。

6 装盘，撒上黑胡椒和面包屑，最后浇上特级初榨橄榄油即可。

水煮蛋栗子土豆沙拉

李南河韩式料理

香甜的栗子土豆温沙拉，做成能一口吃下的大小，也可以作为派对上的点心。甘露煮栗子也可以用天津板栗代替。

🛒 材料（4 人份）

鸡蛋　2 个
土豆　4 个
甘露煮栗子　6 个
蛋黄酱　100 克
芥末粉　少量
法香　适量
辣椒粉　少量

✖ 做法

1 鸡蛋放入水中煮熟，沸腾后继续小火煮 10~13 分钟，全熟为止。

2 土豆蒸熟，趁热去皮，切成大块。

3 甘露煮栗子用热水再煮一遍，捞出沥干。

4 将芥末粉放入蛋黄酱中搅拌均匀，加入切块的鸡蛋、土豆和栗子。

5 将模具放在盘子上，使沙拉定形，撒上辣椒粉，最后点缀法香即可。

香菇高汤温拌焖烤蔬菜

无肉不欢法式餐厅（マルディ グラ）

通过法式烹饪方法来凸显香菇的美味，这里选用了日本南部铁器锅。

🍲 **材料**（12cm×9.5cm×5cm 的
日本南部铁器锅一锅的分量）

蔬菜　300 克
├─ 西蓝花
├─ 雪莲果
├─ 芜菁
├─ 心里美萝卜
├─ 黑萝卜
├─ 胡萝卜
├─ 扁豆
├─ 摩洛哥扁豆
├─ 防风草
├─ 甜菜
└─ 萝卜等
香菇高汤　1 大匙
├─ 干香菇　3 个
└─ 水　500 毫升
培根　10 克
白松露黄油　1 大匙
特级初榨橄榄油　1 小匙
盐、胡椒粉　适量

❌ **做法**

1　制作香菇高汤。干香菇放入水中，
　泡发一晚，连同泡发用的水一起
　放入锅中，煮至浓缩为原来分量
　的 1/5。

2　蔬菜全部切成适口大小。锅中放
　入特级初榨橄榄油，加入切成 1
　厘米的培根和全部蔬菜翻炒，加
　入盐和胡椒粉调味。

3　盖上盖子，放入预热 250℃的烤
　箱中烤制 9 分钟。

4　从烤箱中取出后再次翻炒，加入
　香菇高汤和白松露黄油拌匀即可。

圆白菜嫩土豆沙拉

李南河韩式料理

用土豆和圆白菜等常见的食材也能制作出有个性的沙拉，为了更入味，食材都要提前处理，土豆和圆白菜要趁热迅速处理。

🛒 材料（4 人份）

新土豆　4 个
圆白菜　4 片
盐、胡椒粉、芝麻油　各适量
A
├ 芝麻油　2 小匙
├ 大蒜末　2 小勺
├ 干虾仁　2 小勺
└ 特级初榨橄榄油　1 小匙
大蒜脆片
├ 大蒜　10 克
└ 特级初榨橄榄油　100 毫升

薄口酱油　少量
黑胡椒碎　少量

❌ 做法

1 新土豆整个放入锅中蒸熟。趁热去皮，对半切开，撒
　上盐、胡椒粉和芝麻油。

2 圆白菜用热水煮熟，沥干后用手撕成小片，与 A 混合
　在一起，浇上薄口酱油。

3 将大蒜脆片（大蒜切成薄片，放入低油温的特级初榨
　橄榄油中，用小火慢慢煎至焦黄色）混合在圆白菜中，
　再与土豆一起装盘。撒上黑胡椒碎即可。

里脊迷迭香芋头挞

无肉不欢法式餐厅（マルディ グラ）

口感绵密的芋头打造出的新口感蛋挞，分量十足。不同口感的交融也是亮点。鹅肝油是煎鹅肝时溢出的油脂。

🍴 **材料（制作 8 个直径 7 厘米的蛋挞）**

芋头泥　200 克
鹅肝油　1 大匙
切碎的培根　20 克
猪五花肉馅　100 克
迷迭香碎　1 大匙
盐、胡椒粉　适量

挞皮（便于制作的量）
┌ 低筋粉　1 千克
├ 白砂糖　300 克
├ 无盐黄油（室温下融化）　400 克
├ 蛋黄　4 个
└ 鸡蛋　2 个
迷迭香　8 根

❌ **做法**

1　制作挞皮。将低筋粉与白砂糖混合，加入无盐黄油搅拌均匀。将蛋黄和鸡蛋搅拌在一起。

2　将挞皮原料压成二三毫米厚，用直径 7 厘米的蛋挞模具造型后放入冰箱冷藏 1 小时。放入 180℃的烤箱中烤制。

3　平底锅中放入鹅肝油，加入培根和猪五花肉翻炒。

4　芋头放入盐水中煮熟去皮，碾成芋泥，与步骤 3 制作的培根和五花肉混合在一起，再加入迷迭香，放入盐和胡椒粉调味。

5　在烤好的蛋挞皮中放上步骤 4 的材料，最后用迷迭香装饰即可。

茼蒿海老芋沙拉

玄斋日式餐厅

海老芋的甜味十分突出，搭配有淡淡苦味的茼蒿，奇妙的味道令人欲罢不能。搭配核桃油调味汁，更增添香味。

🏷 材料（4 人份）

海老芋　二三根	面粉　适量
洗米水　适量	干煎饼　适量
红辣椒　1 根	色拉油　适量
煮物用汤　适量	盐　少量
├ 高汤　1.5 升	茼蒿　适量
├ 盐　2~3 小匙	碧根果　适量
├ 薄口酱油　60 毫升	核桃油调味汁（见 180 页）　适量
└ 味醂　40 毫升	

✖ 做法

1 海老芋去皮。在锅中倒入洗米水和红辣椒，沸腾后放入海老芋，煮至软烂。关火静置，捞出沥干。

2 将煮物用汤材料混合，放入步骤 1 的海老芋煮制，然后静置一晚入味。

3 将干煎饼用搅拌机打碎。在沥干的海老芋上撒上面粉和干煎饼碎。

4 用色拉油将步骤 3 处理好的食材炸制金黄，趁热撒上盐后对半切开。

5 茼蒿洗净切成合适的长短，放入碗中。倒入碧根果及核桃油调味汁，搅拌均匀入味。

6 将油炸的海老芋装盘，点缀上茼蒿即可。

慈姑蓝纹奶酪汤沙拉

玄斋日式餐厅

这是一道需要花些功夫的汤沙拉。翻炒慈姑时为了避免上色，记得一定要用小火。搭配上少量慈姑脆片更能增加口感的层次。

🍲 材料（4人份）

慈姑　150克
长葱白　1根
特级初榨橄榄油　少量
面粉　1/2 大匙
高汤　300~400毫升
蓝纹奶酪　50克
牛奶　60毫升
盐、胡椒粉　各适量
慈姑脆片
├ 慈姑　2~3 个
└ 色拉油　少量
石耳　少量

✖ 做法

1 慈姑去皮，切成小块放入水中。

2 平底锅内中倒入特级初榨橄榄油，开小火，放入切碎的长葱，加入沥干水分的慈姑翻炒，注意不要上色。

3 食材炒出香味后，加入面粉继续翻炒，再倒入高汤。

4 等慈姑煮到软烂后放入蓝纹奶酪，煮至融化，接着用搅拌机搅拌，过滤。

5 制作慈姑脆片。将切成薄片的慈姑放入160℃的热油中炸。石耳放入水中泡发，热水煮熟。

6 将步骤 4 处理好的食材放入锅中，倒入牛奶，小火加热。加入盐和胡椒粉调味后装盘。点缀上慈姑脆片和石耳即可。

牛蒡干沙拉
美虎中餐厅

纵向切片更加突出了牛蒡的风味。搭配略带苦味的水田芥，是一道百吃不厌的沙拉。

🛒 材料（4人份）

嫩牛蒡　2根
淀粉　少量
油炸用油　适量
水田芥　1把
韩国甜酱调味汁（见186页）　适量

✖ 做法

1 嫩牛蒡纵向切成薄片，浸在水中。捞出后沥干。

2 牛蒡上撒一层淀粉。放入低温油锅中炸，注意不要炸糊。捞出后沥干油。

3 将切成段的水田芥和牛蒡一起放入碗中，加入韩国甜酱调味汁，搅拌均匀，装盘即可。

香烤嫩洋葱核桃奶酪沙拉
春日意式餐厅（リストランテ ブリマヴェーラ）

嫩洋葱口感脆嫩，口味甘甜，很适合生食，但通过烤制的烹饪手法，让嫩洋葱更加软嫩，汁水丰沛，别有一番美味。

🛒 材料（4人份）

嫩洋葱　2个
戈根索勒奶酪酱（见176页）　全量
盐　适量
特级初榨橄榄油　适量
烤核桃　20克

✖ 做法

1 嫩洋葱用锡纸包裹，放入250℃的烤箱中烤1小时左右。

2 将嫩洋葱装盘，撒上盐，浇上特级初榨橄榄油和温热的戈根索勒奶酪酱。

3 最后撒上烤核桃即可。

烤牛蒡藕片沙拉

春日意式餐厅（リストランテ ブリマヴェーラ）

这道沙拉是使用含水量较少的蔬菜制作的金平沙拉（由酱油和砂糖调味的家常日式料理）。用柿饼来代替无花果干也十分美味。可以搭配大量芝麻菜，或者与肉类料理一同食用。

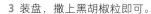

材料（4 人份）

藕片　80 克	盐　适量
牛蒡　80 克	黑胡椒粒　适量
无花果干　80 克	朝天椒　1/2 根
巴萨米克醋　30 克	特级初榨橄榄油　适量

做法

1 平底锅中倒入特级初榨橄榄油，将生牛蒡、藕和朝天椒放入锅中翻炒，加盐调味。

2 加入无花果干，快速翻炒一下。再一次性全部倒入巴萨米克醋。

3 装盘，撒上黑胡椒粒即可。

冬季温蔬菜

浩司五十岚蔬菜料理（コウジ イガラシ オゥ レギューム）

这道沙拉采用法式烹饪技巧，让根类蔬菜清爽可口。为了突出根类蔬菜的浓郁滋味，制作时不用去皮。罗马菜花的外形仿佛贝壳一般的小圆锥形聚集在一起。制作时要使用密封性好，能够将各类蔬菜平整地铺在锅底的大锅。

🛒 材料（2 人份）

甜菜　1/4 棵
牛蒡　5 厘米
藕　5 厘米
黑萝卜　3 厘米
金时萝卜　3 厘米
黄萝卜　3 厘米
黄芜菁　1/6 个
芜菁　1/2 个
菜花　1/10 棵
罗马菜花　1/5 棵
西蓝花　1/5 棵
小洋葱　2 个
抱子羽衣甘蓝　2 个
特级初榨橄榄油　125 毫升
鸡汤（制作方法见 105 页双笋蛤蜊温沙拉）　50~80 毫升
白葡萄酒醋　75 毫升
白葡萄酒　50 毫升
砂糖　1 小撮

柚子皮、柚子汁　各半个柚子
盐、胡椒粉　各适量
柠檬油　适量
粉胡椒碎　适量

❌ 做法

1　甜菜不要去皮，直接用锡纸包裹住，放入 200℃的烤箱中烤 50 分钟，切成适口大小。其他蔬菜也分别都切成适口大小，快速热水焯一下后捞出沥干。

2　将一半的特级初榨橄榄油倒入锅中加热，步骤 1 准备好的除抱子羽衣甘蓝外的蔬菜全部放入锅中，加入盐轻轻翻炒，注意不要上色。

3　倒入鸡汤，盖上盖子焖煮，。全部蔬菜都煮熟后，打开盖子收汁。

4　加入白葡萄酒醋、白葡萄酒、砂糖和剩余的特级初榨橄榄油，盖上盖子煮沸 2 分钟，让食材更加入味。

5　将步骤 4 的食材倒出，加入抱子羽衣甘蓝、柚子皮和柚子汁、盐和胡椒，将所有食材搅拌均匀充分入味。

6　装盘，淋上柠檬油，撒上粉胡椒碎即可。

香煮蔬菜

浩司五十岚蔬菜料理（コウジ イガラシ オゥ レギューム）

用蔬菜自身的叶、皮、根茎制作的高汤来炖煮蔬菜。在高汤中加入少量胡椒粉和白葡萄酒，味道会更清爽。可以将事先焯过水的蔬菜放入高汤中炖煮，保存起来留用。如果想节省时间，可以不使用高汤，直接用盐水煮蔬菜，再加入特级初榨橄榄油和黄油调味。

🛒 材料（约 8 人份）

日本安纳芋　1个

芋头　1个

金时萝卜、黄萝卜　各1根

牛蒡　1根

芜菁　2个

田葱　2根

黑、紫芜菁　各1个

抱子羽衣甘蓝　8个

番茄　2个

特级初榨橄榄油、黄油　适量

盐、胡椒粉　各适量

蔬菜高汤　适量

　├ 蔬菜的叶、皮、根茎　适量

　├ 香草茎　适量

　├ 生姜　少量

　├ 白葡萄酒　适量

　└ 盐　适量

✖ 做法

1 制作蔬菜高汤。在锅中放入水和准备好的蔬菜的叶、皮、根茎等，焖煮1小时左右。完成后加入香草茎、生姜、白葡萄酒和盐。蔬菜的量大约占锅的1/3。因为菜叶容易渗出杂质，所以要尽量最后再加入菜叶。煮好后沥出杂质。

2 将蔬菜放入过滤后的高汤中，注意按照煮熟的难易程度，从根类蔬菜等不易熟的蔬菜开始放入（抱子羽衣甘蓝和番茄除外）。煮到竹扦能够轻松穿过即可。加入特级初榨橄榄油、黄油、盐和胡椒粉调味。因为味道容易偏淡，所以要适量多加入一些。

3 上菜之前，盛出适量的蔬菜，切成适口大小，用小锅热一下，再放入切成半圆形的抱子羽衣甘蓝和番茄即可。

冬季沙拉

浩司五十岚蔬菜料理（コウジ イガラシ オゥ レギューム）

深色的根类蔬菜和坚果宛如天作之合。略带辛辣味的根类蔬菜，油炸后会变得清甜可口。

🍴 材料（4 人份）

红萝卜　1/2 个
胡萝卜　1 根
金时萝卜　1/4 根
芜菁（小）　2 个
黑芜菁　1 根
芜菁　2 个
柑橘　2 个
核桃、杏仁、枸杞、开心果、南瓜籽　各适量
菜籽油　适量
盐、胡椒粉　各适量
柑橘调味汁
├ 柑橘汁　30 毫升
├ 特级初榨橄榄油　30 毫升
└ 盐、胡椒粉　各适量

✖ 做法

1 蔬菜不用去皮，切成适口大小。菜籽油加热到 150~160℃后放入蔬菜油炸，完全炸透。

2 柑橘剥皮，先用烤箱焙烤一下坚果类食材。

3 将步骤 1 的蔬菜放入平底锅煎到金黄焦香，去除多余的油脂。

4 趁热撒盐调味，在碗中放入柑橘和坚果，加入盐、胡椒粉和柑橘调味汁（所有材料混合即可），趁热上菜。

韩式拌沙拉

李南河韩式料理

这是一道保留了蔬菜的原汁原味的沙拉。因为放凉后容易渗出水分，所以尽量趁热食用。

🛒 材料（4 人份）

萝卜　30 克
菠菜　2 棵
黄豆芽　60 克
盐、胡椒粉　各适量
芝麻油　2 大匙
浓口酱油　2 小匙
大蒜末　4 克
白芝麻　适量

❌ 做法

1 将萝卜切成四五厘米长，1 厘米左右宽的条。将萝卜、菠菜和黄豆芽分别煮熟，捞出后撒上盐。用厨房用纸把水分吸干。

2 把萝卜和切好的菠菜、黄豆芽混合在一起，加入盐、胡椒粉、芝麻油、浓口酱油和蒜末调味。

3 装盘，撒上白芝麻即可。

油炸蔬菜沙拉

食事屋日式料理（たべごと屋 のらぼう）

刚刚出油锅的根菜脆片搭配酱汁，是一道十分华丽的沙拉。本次选用的食材以根类蔬菜为主，也可以根据季节选择自己喜爱的蔬菜。

🛒 材料（4 人份）

牛蒡　适量	土豆　适量
藕　适量	慈姑　适量
紫薯　适量	油炸用油　适量
胡萝卜　适量	南瓜泥（见 184 页）　1/2 杯
山芋　适量	牛油果豆腐酱（见 184 页）　1/2 杯

❌ 做法

1　蔬菜分别切成一二毫米厚的薄片，泡入水中，保持爽脆口感。

2　沥干后放入 150~160℃的油锅中油炸。

3　搭配南瓜泥和牛油果豆腐酱，趁热上桌即可。

豆类和豆制品

番茄蔬菜汤沙拉

浩司五十岚蔬菜料理（コウジ イガラシ オゥ レギューム）

白扁豆让整道沙拉的风味更加馥郁。注意不要将食材煮散，保留蔬菜本身纯净而又浓郁的香气。香味蔬菜、圆白菜和未完全熟透的番茄等蔬菜配上白扁豆，能够在保证口味统一的同时更加爽口。

🛒 材料（约 10 人份）

煮白扁豆
├─ 白扁豆　200 克
├─ 水　1 升
├─ 大蒜泥　1 小撮
├─ 盐　适量
├─ 月桂　1 片
└─ 特级初榨橄榄油　适量
冬季圆白菜　1/5 棵
四季豆　5 根
蚕豆　10 颗
大蒜末　2 小撮
培根屑　30 克
洋葱　1 个
胡萝卜　1 根
西芹　1 根
蘑菇　8 个
韭葱　1/3 根
西葫芦　1/2 根
红、黄彩椒　各 1 个
番茄　2 个
芜菁　1 个
特级初榨橄榄油　适量
藏红花　适量
蘑菇、芝麻菜、底特律甜菜、欧芹等　适量
盐、胡椒粉　各适量

❌ 做法

1　制作煮白扁豆。将白扁豆放入水中泡发，捞出沥干，加入水、蒜泥、盐、月桂和特级初榨橄榄油，小火煮 2 小时左右。

2　将圆白菜切成 1 厘米左右的块状，用热水迅速焯熟后捞出沥干。四季豆和蚕豆用热水烫熟。四季豆切成长 1 厘米左右的条状，蚕豆去皮。

3　在锅中倒入特级初榨橄榄油，放入蒜末和培根屑，炒热后，按顺序加入切成 1 厘米的洋葱、胡萝卜、西芹、蘑菇和韭葱，盖上盖子焖一段时间。等蔬菜都熟透了，加入步骤 2 处理好的圆白菜，再次翻炒。

4　步骤 3 的蔬菜都炒熟后，加入同样切成了小块的西葫芦、彩椒、番茄和芜菁，再将第 2 步的四季豆和蚕豆以及第 1 步的煮白扁豆连食材带汤汁一起加入。每加入一次食材，就需要盖上盖子焖煮一段时间。

5　将藏红花浸泡在少量清水中，用于上色。

6　食用前加热，加入盐和胡椒粉调味，再点缀少量蘑菇、芝麻菜、底特律甜菜、欧芹等即可。

四季豆沙拉配黑血肠

浩司五十岚蔬菜料理（コウジ イガラシ オゥ レギューム）

煮到软烂的四季豆香甜可口，是整道沙拉的亮点，鹅肝油增加了品味。虽然刚出锅的四季豆拌上调味汁后会变色，但无需在意，入味才是最重要的。

🥗 材料（4 人份）

四季豆　400 克
鹅肝油（煎鹅肝时渗出的油脂）　50 克
红葱末　5 克
黄芥末　1 小匙
焦黄油（过滤）　200 克
盐、胡椒适量
黑香肠（便于制作的量）
　├ 猪板油　120 克
　├ 洋葱碎　250 克
　├ 猪血　500 毫升
　├ 鲜奶油　220 毫升
　├ 鸡蛋　3 个
　├ 玉米淀粉　15 克
　└ 水　20 毫升
意式欧芹　适量

❌ 做法

1　制作黑血肠。猪板油放入锅中加热，倒入切碎的洋葱和大蒜翻炒。

2　洋葱和大蒜炒熟后，加入猪血和鲜奶油，注意保持小火不要让猪血凝固。为了让口感更加清爽，还要加入一些鸡蛋和用水溶化的玉米淀粉。

3　将上述液体倒入模具中，放入 200℃的烤箱中水浴烘焙 1 小时左右。

4　四季豆放入盐水中煮熟，为了充分入味，需要煮的比平时更加软烂一些。捞出后切成五六厘米长。

5　在小锅中放入鹅肝油加热融化，倒入碗中，与红葱、黄芥末和焦黄油充分混合。一边将碗中的食材水浴加热，一边倒入四季豆，搅拌均匀，再加入盐和胡椒粉调味。

6　将四季豆装盘，放上切成适口大小的黑血肠。点缀少量意式欧芹，再把步骤 5 剩余的调味汁浇在周围即可。

炙烤毛豆玉米沙拉

玄斋日式餐厅

充分烤制让食材本身的香味发挥到极致，一定要趁热食用。

🛒 材料（4 人份）

毛豆　400 克
玉米　1 根
色拉油　少量
A
┌ 浓口酱油　适量
├ 醋　少量
└ 味醂　少量
七味唐辛子　少量

✖ 做法

1 玉米连叶子一起蒸。大约八成熟的时候剥去叶子，切段。

2 将生毛豆和蒸好的玉米放入平底锅中用色拉油煎制。

3 一面煎出金黄色后，翻面继续煎制。

4 等毛豆完全煎好后，倒入少量 A，稍加热一会儿，关火。撒上七味唐辛子，装盘即可。

油炸豆腐配茼蒿海苔沙拉

食事屋日式料理（たべごと屋　のらぼう）

用后劲十足的柚子胡椒调味汁打造味觉亮点。如果选用味道好一些的油炸豆腐，还可以作为下酒菜。

🛒 材料（4 人份）

油炸豆腐 2 块｜茼蒿 1 把｜盐少量
海苔 1 片｜柚子胡椒调味汁（见 182 页）2 大匙

✖ 做法

1 将油炸豆腐放在没有油的平底锅或是烤网上加热。切成 1 厘米宽的豆腐条。

2 茼蒿上撒少量的盐腌制，海苔微微用火烤一下。

3 将油炸豆腐和茼蒿放入碗中，倒入柚子胡椒调味汁搅拌均匀。

4 装盘，撒上撕碎的烤海苔，趁热食用即可。

白扁豆沙拉配油煎蛋和黑松露

本多意式餐厅（リストランテ ホンダ）

炸鸡蛋比荷包蛋更适合搭配白扁豆沙拉。香脆的口感让沙拉的层次更加丰富。也可以与火腿拼盘或香肠等肉类一同食用。盐渍猪脸肉也可以用腌渍猪五花肉代替。

🍳 材料（4 人份）

煮白扁豆汤　200 克
├ 白扁豆（干）　125 克
├ 高汤　200 毫升

├ 香味蔬菜
　├ 洋葱　1/4 个
　├ 胡萝卜　1/6 根
　├ 西芹　1/3 根
　└ 香料包　1 包
盐渍猪脸肉　20 克
大蒜　1/2 小撮
特级初榨橄榄油　20 毫升
白葡萄酒　适量
煮白扁豆汤　200 毫升
黄油　10 克
红葡萄酒醋　5 毫升
盐、胡椒粉　各适量
鸡蛋　4 个
色拉油　适量
意式欧芹碎　适量
黑松露　5 克

❌ 做法

1 制作煮白扁豆。将白扁豆放在水中泡发一晚，煮两次，捞出后再放入刚刚没过豆子的水中再次煮一遍。

2 加入高汤，沸腾后捞出杂质，加入切成块的香味蔬菜，慢火煮熟。

3 在锅中倒入特级初榨橄榄油，加入去掉芽的大蒜，翻炒出香味，再加入切成小块的盐渍猪脸肉翻炒，去除多余的油脂，倒入白葡萄酒，让锅中的香味都融合在一起。

4 等白葡萄酒中的酒精沸腾蒸发后，加入煮白扁豆汤，慢火煮至稍稍浓稠。加入黄油，使汤汁更加浓郁且有光泽。

5 倒入红葡萄酒醋，加入盐和胡椒粉调味。

6 鸡蛋放入 180℃的色拉油中，炸制内部半熟。

7 将步骤 5 的食材装盘，摆上鸡蛋和黑松露切片，撒上意式欧芹碎即可。

蔬菜浓汤粉丝沙拉

无肉不欢法式餐厅（マルディ グラ）

口感宛如豚骨拉面，其实是用豆浆与粉丝制作的健康料理。

🥗 材料（1 份）

土豆粉丝　45 克
豆浆汤底（见 170 页）　300 毫升
煮兵豆　100 克
　├ 兵豆（干）　1 千克
　├ 洋葱　1 个
　├ 胡萝卜　1 根
　├ 大蒜　3 小块
　├ 培根　30 克
　├ 黄油　1 大匙
　├ 水　3 升
　└ 盐、胡椒粉　各适量

番茄干　1 个
　├ 水果番茄　适量
　└ 大蒜片　一个番茄配 1 片
调味鸡蛋　1/2 个
　├ 鸡蛋　1 个
　├ 浓口酱油　100 毫升
　└ 上白糖　1 大匙
切片法棍　1 片
萝卜苗　适量
欧芹　适量

✳ 做法

1 制作煮兵豆。兵豆泡在水中泡发一晚。将黄油放入锅中，煮到融化冒泡，倒入切碎的洋葱、胡萝卜、大蒜和培根，加入盐和胡椒粉翻炒到食材变软。倒入泡发的兵豆和水，把豆子煮到软烂。

2 制作番茄干。把水果番茄热水焯一下，去皮，柄部向下摆放，蒜片放在番茄上方，放入 100℃ 的烤箱中烤制 3 小时左右。

3 制作调味鸡蛋。鸡蛋煮到半熟，冷却后剥皮。放入混合了浓口酱油和上白糖的液体中，浸泡约 1 小时左右使其入味。

4 粉丝放入热水中煮熟，倒入温热的豆浆汤底中。

5 将步骤 4 的粉丝和汤底装盘，搭配上煮兵豆、番茄干、调味鸡蛋、烤制的法棍和萝卜苗，再点缀少许欧芹即可。

菌类、谷物

香炒培根菌类西芹沙拉
食事屋日式料理（たべごと屋 のらぼう）

热气腾腾的沙拉也可以做成腌泡风味。通过巴尔萨米醋的酸味让蘑菇的鲜和培根的香更加统一。

🛒 材料（4 人份）

培根块　80 克

金针菇　30 克

蟹味菇　30 克

杏鲍菇　1 根

舞茸　30 克

西芹　1 根

红彩椒　2 个

大蒜　少量

特级初榨橄榄油　适量

巴萨米克调味汁（见 183 页）　2 大匙

✖ 做法

1 培根切成 5 毫米厚的薄片。菌类切成适口大小，西芹切成长 4 厘米的条状，彩椒切丝。

2 锅中放入特级初榨橄榄油和切丝的大蒜，放入培根翻炒，炒出油脂后放入西芹和菌类继续翻炒。

3 放入彩椒，最后倒入巴萨米克调味汁，整体搅拌均匀，趁热食用即可。

番茄米饭温沙拉

无肉不欢法式餐厅（マルディ グラ）

黄油味浓郁的西式烩饭，浓缩了精华的番茄干是整道沙拉的亮点。

🛒 材料（4 人份）

洋葱碎　1 大匙

胡萝卜碎　1 大匙

大蒜末　1 大匙

米饭　300 克

无盐黄油　2 小匙

盐、胡椒粉　各适量

鸡肉高汤　100 毫升

 ├ 带骨切块鸡肉　6 千克

 ├ 洋葱　10 个

 ├ 胡萝卜　1 根

 ├ 大蒜　1 个

 ├ 百里香　5 根

 ├ 月桂　2 片

 └ 水　20 升

水　360 毫升

番茄干（见 148 页）　4 个

❌ 做法

1　制作鸡肉高汤。鸡肉洗净，和其他的材料一起（不用切）放入锅中加热。沸腾后关小火，一边捞出杂质一边煮，最后沥出汤汁。

2　将无盐黄油放入锅中，加热，融化后放入切碎的洋葱、胡萝卜和大蒜，加入盐和胡椒炒至软烂。加入米饭后再反复翻炒。

3　加入鸡肉高汤、水和番茄干，沸腾后盖上盖子，放入 200 ℃的烤箱中加热 13 分钟左右。

4　从烤箱中取出，闷一段时间后便可上桌。也可以根据个人喜好撒上适量鸡杂一起食用。

蔬菜汉堡

无肉不欢法式餐厅（マルディ グラ）

纯素汉堡也能打造出肉的滋味与口感！有条件的话建议使用紧实、爽口、回味甘甜的日本淡路岛产洋葱。小麦片是一种粗粒小麦，可以作为肉饭或者沙拉的原料，其独特的口感也可以用来代替肉馅，不用事先水煮也不用清洗，直接使用即可。

🍠 材料（3 个）

蔬菜内馅

    ┌─小麦片糊　170 克
    │   ┌─小麦片　200 毫升
    │   ├─水　500 毫升
    │   └─特级初榨橄榄油　1 大匙
    │
    ├─辣味蔬菜烩菜　100 克
    │   ├─洋葱　1 个
    │   ├─大蒜　1 小块
    │   ├─红、黄彩椒　各 1 个
    │   ├─西葫芦　1 根
    │   ├─茄子　1 根
    │   ├─番茄　1 个
    │   ├─肉桂（粉）　1 小匙
    │   ├─咖喱粉　1 小匙
    │   ├─特级初榨橄榄油　2 大匙
    │   └─盐、胡椒　适量
    │
    ├─煮熟后冷却的米饭　20 克
    ├─红葱碎　2 大匙
    ├─大蒜碎　少量
    ├─面包粉　1 大匙
    ├─豆浆　20 毫升
    └─盐、胡椒　适量

1 厘米厚的洋葱圈切片　3 片
1 厘米厚的切片　3 片
芥菜　3 片
特级初榨橄榄油　适量
烧烤酱汁（见 170 页）　适量
豆乳蛋黄酱（见 172 页）　适量
圆面包　3 个
水田芥　3 棵

❌ 做法

1 制作小麦片糊。在锅中倒入特级初榨橄榄油加热，放入小麦片炒制。加水，沸腾后小火继续煮 10 分钟，关火后再闷 10 分钟左右。

2 制作辣味蔬菜烩菜。在平底锅中倒入特级初榨橄榄油加热，放入切碎的洋葱和大蒜翻炒出香气。将切成适口的蔬菜和香辛料全部放入锅中，煮到软烂，再加入盐和胡椒调味。

3 制作蔬菜内馅。将小麦片糊和辣味蔬菜烩菜、米饭、切碎的红葱和大蒜、面包粉、豆乳都放入碗中，加入盐和胡椒调味，处理成汉堡馅的形状。

4 在平底锅中倒入特级初榨橄榄油，放入蔬菜内馅和洋葱片煎熟。

5 微微加热小圆面包，把步骤 4 处理好的洋葱和番茄、芥菜放在面包上，抹上豆乳蛋黄酱，再把蔬菜内馅放在上面，抹上烧烤酱汁，用面包夹住。

6 最后用水田芥作为装饰即可。

橄榄风味杏鲍菇

美虎中餐厅

厚实爽脆的杏鲍菇温沙拉。使用了大量的黑橄榄，制成香气扑鼻的橄榄风味调味汁用来调味。一定要趁热食用。

材料（4人份）

杏鲍菇　4根
油炸用油　适量
橄榄风味调味汁（见184页）　全量

做法

1 杏鲍菇切成薄片，放入170℃的油中油炸。

2 提前在平底锅中制作好橄榄风味调味汁，放入杏鲍菇，倒入酱油调味。装盘即可。

海鲜类

香烤鲷鱼沙拉

本多意式餐厅（リストランテ ホンダ）

这是一道能够当作主菜的沙拉。为了保留甘鲷鱼鳞脆爽的口感，需要将特级初榨橄榄油加热到微微冒烟、温度较高时再使用。如果油温太低，鱼肉会吸进多余的油脂，变得油腻。

🛒 材料（4 人份）

烤甘鲷
├ 甘鲷　400 克
└ 特级初榨橄榄油　适量
柠檬汁　少量
绿芦笋　4 根
蚕豆　20 颗
四季豆　4 根
荷兰豆　4 根
豌豆　40 颗
迷你胡萝卜　4 根
迷你萝卜　4 根
迷你心里美萝卜　4 根
小芜菁　4 个
胡萝卜　8 块
玉米笋　2 根
荚果蕨　4 根
菜花　4 棵
西蓝花　4 棵
楤木芽　4 个
拌黄油　适量
黄油　40 克
水　40 毫升
盐、胡椒粉、意式欧芹　适量
圣女果干（见 79 页）　16 片
蔬菜调味汁（见 177 页）　适量
欧芹酱（见 176 页）　适量
浓缩巴萨米克调味汁（见 179 页）

✖ 做法

1 甘鲷不用去鳞，切成适口大小。在平底锅中倒入特级初榨橄榄油，大火加热，放入甘鲷，一边用油浇在鱼身上一边加热。

2 蔬菜清洗后切成适口的大小，从根类蔬菜开始，放入拌黄油（黄油对水加热）中加热，煮熟后撒上盐和胡椒粉调味，再撒上切碎的意式欧芹。

3 在甘鲷的鳞片上涂柠檬汁，与蔬菜一起装盘，搭配圣女果干、蔬菜调味汁、欧芹酱和浓缩巴萨米克调味汁即可。

枪乌贼加蛤蜊高汤配日本白山药温沙拉

本多意式餐厅（リストランテ ホンダ）

一道加入了枪乌贼的沙拉。日本白山药在烤过之后的口感和风味都更胜一筹。菌类也可以使用鸡油菇。山药和菌类做成大拼盘，分量十足。

🥗 材料（4 人份）

墨汁煮枪乌贼
- 枪乌贼　500 克
- 乌贼（小）　1 只
- 煮番茄　300 毫升
- 乌贼墨汁　50 克
- 白葡萄酒　50 毫升
- 蛤蜊　300 毫升
- 大蒜末　1 小匙
- 红辣椒　1 根
- 盐、特级初榨橄榄油　各适量

日本白山药温沙拉
- 日本白山药（小）　1 根
- 金针菇　2 袋
- 大蒜碎　1/2 小匙
- 红辣椒　1 根
- 盐、白胡椒、特级初榨橄榄油　各适量

意式欧芹、红葱　各适量

❌ 做法

1 制作蛤蜊高汤。蛤蜊与适量的白葡萄酒和水一起煮沸，蛤蜊煮熟后取出肉，剩余的汤汁留作高汤使用。

2 制作墨汁煮枪乌贼。切下枪乌贼和乌贼的身体与足部，清理外皮和内脏。沥干水分后，身体部分切成 2 厘米厚的环状，足部切碎。

3 将切碎的大蒜、红辣椒、特级初榨橄榄油倒入锅中，小火翻炒，等待大蒜微焦后放入切碎的乌贼足部翻炒。

4 放入剩下的乌贼，撒盐，炒熟后倒入乌贼墨汁和白葡萄酒，加热至酒精蒸发。放入煮番茄和蛤蜊高汤，沸腾后转小火继续煮，等枪乌贼肉质变软后，加入适量的盐调味。

5 制作日本白山药温沙拉。山药去皮，切成薄片，撒上盐和白胡椒，用特级初榨橄榄油煎熟。

6 金针菇去掉根部。在平底锅中倒入特级初榨橄榄油，放入蒜末和红辣椒，小火翻炒。等到蒜末微焦后放入金针菇翻炒，再加入盐和白胡椒调味。

7 将日本白山药摆在盘子底部，上面放上金针菇。墨汁煮枪乌贼放在前面，再撒上切碎的红葱和意式欧芹即可。

香鱼意式小方饺沙拉

本多意式餐厅（リストランテ ホンダ）

在食用香鱼的季节品尝这道意式小方饺。搭配油炸鱼调味汁，打造出沙拉的感觉。也可以用沙丁鱼或秋刀鱼来代替香鱼。

🏷 材料（4 人份）

意式小方饺内馅
├ 香鱼　4 条
├ 盐、白胡椒、高筋面粉　适量
├ 洋葱（小）　1 个
├ 大蒜　1/2 块
├ 特级初榨橄榄油　20 毫升
├ 白葡萄酒　适量
├ 白色波特酒（白）　适量
├ 花椒花　5 颗
├ 月桂　半片
├ 鱼高汤　适量
└ 帕尔马奶酪　适量
意面团
├ 面粉（"00" 粉）　450 克
├ 粗粒小麦粉　150 克
├ 蛋黄　200 克
├ 鸡蛋　2 个（120 克）
├ 盐　3 克
└ 特级初榨橄榄油　10 毫升
油炸鱼调味汁（见 179 页）　全量
盐　适量
意式欧芹　适量

✖ 做法

1 制作意面团。将面粉和粗粒小麦粉混合后过筛，放入搅拌机或食品处理机中充分搅拌均匀。

2 将蛋黄、鸡蛋、盐和特级初榨橄榄油充分混合均匀，少量多次地加入到步骤 1 的面粉中。

3 充分混合后，放入真空袋中，在冰箱中冷藏一晚。

4 制作意式小方饺的内馅。香鱼去掉头部，取出内脏，用清水洗净。

5 在锅中倒入特级初榨橄榄油，放入切碎的大蒜小火翻炒。加入切片的洋葱，充分炒制，激发出洋葱本身的甜味。

6 香鱼抹上盐和白胡椒粉，撒上高筋面粉。平底锅中倒入特级初榨橄榄油，放入香鱼慢火煎制。

7 将香鱼放入第步骤 5 的锅中，倒入等量的白葡萄酒和白色波特酒，放入花椒花和月桂，慢火收汤。取出花椒花和月桂。

8 倒入能够没过食材的鱼高汤，慢火收汁。

9 将食材放入食品处理机中，搅拌成膏状，过滤。加入帕尔马奶酪碎，充分搅拌后加入盐和胡椒粉调味。

10 将冷藏后的意面团放入意面机中压成薄片，切成边长为 5 厘米的面片，包裹上事先准备好的内馅，制作成意式小方饺。

11 将意式小方饺放入 1% 的盐水中煮熟。

12 将意式小方饺与油炸鱼调味汁混合均匀，加盐调味。

13 装盘，撒上切碎的意式欧芹即可。

日本龙虾白芦笋八朔沙拉

本多意式餐厅（リストランテ ホンダ）

这是一款春天的沙拉。荷兰酱用雷司令酒来增香，再用八朔（一种柑橘）来打造清爽的酸甜感。主要依靠龙蒿提香。

🍴 材料（4人份）

日本龙虾　4只
特级初榨橄榄油　50毫升
白芦笋　8根
盐、胡椒　适量
八朔　8瓣
欧芹、龙蒿、意式欧芹　适量
法式调味汁（见177页）　适量
荷兰酱（见180页）　适量
龙虾高汤（见178页）　适量

✖ 做法

1 清理掉日本龙虾背部的虾肠，平底锅倒入特级初榨橄榄油加热，将龙虾连壳一起放入锅中煎制。等虾头也彻底熟透后，一边将热油浇在龙虾上，一边加热。加入盐和胡椒粉调味。

2 白芦笋上撒上盐和胡椒，上锅蒸熟。

3 八朔剥皮，取出需要的果肉。

4 制作香草沙拉。将欧芹、龙蒿和意式欧芹用水清洗，保证其爽脆的口感，倒入法式调味汁调味。

5 将白芦笋装盘，放入八朔，浇上荷兰酱。取出日本龙虾的虾肉装盘，浇上龙虾高汤，搭配欧芹、龙蒿和意式欧芹即可。

肉类

蜂斗菜与芦笋猪肉紫萁沙拉

李南河韩式料理

这是一道让猪肉吃起来更加健康的沙拉。又甜又辣的紫萁和猪肉十分相配。猪肉使用烤网炙烤，喷香扑鼻。

🛒 材料（4 人份）

蜂斗菜　2 根（60 克）
绿芦笋　2 根
炒煮紫萁
├ 紫萁　60 克
├ 烤肉调味汁（市售）　2 大匙
├ 芝麻油　1 小匙
└ 大蒜末　4 克
猪五花肉　50 克
盐、胡椒粉　各适量
辣椒粒、白芝麻　各适量

✖ 做法

1　蜂斗菜和绿芦笋分别用盐水煮熟。蜂斗菜去皮。两种食材都切成和猪肉差不多的长度。

2　制作炒煮紫萁。将紫萁放入大量的热盐水中煮熟，切成合适的长度，用加热的芝麻油翻炒。加入蒜末、烤肉调味汁，用小火慢煮。

3　等汤汁逐渐浓稠，加入蜂斗菜和绿芦笋，让它们与汤汁充分混合。

4　猪五花肉切成薄片，撒上盐和胡椒粉，用烤网烤制。

5　将五花肉垫在容器底部，码上紫萁、蜂斗菜和绿芦笋。撒上辣椒粒和白芝麻即可。

野鸡肉沙拉配洋姜汤

本多意式餐厅（リストランテ ホンダ）

这是一道使用了冬季野味的沙拉。注意野鸡肉不要煮老了。搭配新上市的洋姜汤一同食用。

🍲 材料（4 人份）

洋姜汤
- 洋姜　250 克
- 韭葱　25 克
- 肉汤　250 毫升
- 培根　少量
- 月桂　1 片
- 黑松露　25 克
- 黄油　少量

野鸡沙拉
- 野鸡腿肉　1 块
- 大蒜　1 小块
- 百里香　1 根
- 花生油　适量
- 红葱　1/4 个
- 意式欧芹　少量
- 法式调味汁（见 177 页）　20 毫升

炸韭葱
- 韭葱　5 厘米
- 色拉油　适量
- 培根　4 片
- 黑松露　4 克
- 特级初榨橄榄油　适量

❌ 做法

1　制作洋姜汤。将黄油融化，放入切成小段的韭葱不断翻炒。加入去皮后切块的洋姜炒制，放入肉汤、培根、月桂，煮 20 分钟。

2　关火，加入切成薄片的黑松露提香。将全部食材放入搅拌机中搅拌过滤，完成洋姜汤。

3　制作野鸡沙拉。先用色拉油翻炒大蒜及百里香，增添香气，然后煎野鸡腿肉，注意火候不要过大，煎熟即可。

4　待鸡肉放凉冷却后用手撕开，放入碗中。放进切碎的红葱和意式欧芹，倒入法式酱汁搅拌均匀。

5　制作炸韭葱。韭葱切丝，放入 160℃ 的油锅中油炸。

6　培根用两块铁板夹住，放入 150℃ 的烤箱中烤 20~30 分钟，烤至焦脆。

7　将洋姜汤倒入温热的容器中，倒入野鸡沙拉。上堆炸韭葱，撒上切成丝的黑松露。最后搭配培根，浇上特级初榨橄榄油即可。

牛肚温沙拉

浩司五十岚蔬菜料理（コウジ イガラシ オゥ レギューム）

内脏搭配根类蔬菜。软嫩的牛肚与煎蔬菜的口感相得益彰。使用高压锅可以在短时间内将牛肚处理软嫩。

🍴 材料（10 人份）

煮牛肚
- 牛肚　500 克
- 大蒜末　15 克

- 意大利炒蔬菜
  - 洋葱　100 克
  - 胡萝卜　50 克
  - 西芹　25 克

- 特级初榨橄榄油　适量
- 盐、胡椒粉　各适量
- 番茄　200 克
- 苹果酒　350 毫升
- 卡尔瓦多斯酒　100 毫升
- 鸡汤（见 105 页）　200 毫升
- 香料包　1 包
- 金时胡萝卜　1 根
- 胡萝卜　1 根
- 紫萝卜　1 个
- 红、黄芜菁　各 2 个
- 小萝卜　4 个
- 土豆　2 个
- 山芋　半个
- 罗马花椰菜　半棵
- 特级初榨橄榄油　适量
- 盐、胡椒　适量

紫苏香油（见 174 页）　适量
帕尔马干酪　适量
法香、意式欧芹　适量

✖ 做法

1　制作意大利炒蔬菜。洋葱、胡萝卜和西芹切碎，用低温慢慢炒制。

2　牛肚入水煮熟，沸腾后捞出，重复 3 次，直到完全去除杂质和腥味。捞出后切成 2×4 厘米左右的大小。

3　在锅中倒入特级初榨橄榄油，放入大蒜、意大利炒蔬菜和牛肚，加入盐和胡椒粉油煎一下。按顺序加入其他食材，煮 3 小时左右，直到牛肚变得软烂。

4　蔬菜分别切成适口的大小，下锅煮熟。捞出后用特级初榨橄榄油煎制。加盐和胡椒粉调味。

5　将牛肚与汤汁一起装盘，再分别放上各类蔬菜。浇上大叶香油，撒上帕尔马干酪碎、法香和意式欧芹即可。

烤牛舌奶酪配甜菜芥菜沙拉

本多意式餐厅（リストランテ ホンダ）

这是一道温热的甜菜沙拉。甜菜与苏卡莫扎奶酪堪称绝配。如果没有奶酪，搭配熏制牛舌也十分美味。甜菜可以切成薄片，采用意式生鱼片的装盘风格。

🛒 材料（4人份）

烤牛舌苏卡莫扎奶酪
- 牛舌　300克

- 香味蔬菜
  - 洋葱　1/2个
  - 胡萝卜　5厘米
  - 西芹　1/2根

- 香料包　1包
- 盐、黑胡椒粉　各适量
- 苏卡莫扎奶酪　适量
- 帕尔马干酪　适量

甜菜沙拉
- 甜菜　400克
- 盐　适量
- A
  - 法式调味汁（见177页）　40毫升
  - 红葡萄酒醋、巴萨米克醋　3毫升
  - 特级初榨橄榄油　10毫升
  - 红葱碎　1/3个
- 盐、白胡椒粉　各适量

芥菜沙拉
- 芥菜　8棵
- B
  - 苏卡莫扎奶酪
  - 法式调味汁（见177页）　20毫升
  - 白葡萄酒醋　3毫升
  - 巴萨米克醋　5毫升
  - 特级初榨橄榄油　5毫升
- 盐、黑胡椒粉　各适量

意式欧芹　适量

✖ 做法

1　将清洗干净的牛舌放入锅中，加入水没过牛舌即可，开火煮沸。沸腾后捞出杂质，加入切成块的香味蔬菜、香料包和盐，牛舌煮到竹扦能够轻易穿过的程度即可。

2　将冷却后的牛舌均分，每份100克。

3　撒上盐和黑胡椒粉，放上切成薄片的苏卡莫扎奶酪。撒上帕尔马干酪碎，放入180℃的烤箱中烤制。

4　制作甜菜沙拉。甜菜在盐水中煮熟后捞出冷却，切成适口大小。将A的材料倒入甜菜中，充分搅拌均匀调味。

5　制作芥菜沙拉。将芥菜切分成适口大小，倒入B的材料后搅拌均匀。

6　将甜菜沙拉装盘，放上烤好的牛舌，牛舌上堆大量的芥菜沙拉。最后撒上意式欧芹碎即可。

苦瓜玉米笋拌鸡肾沙拉

玄斋日式餐厅

这道沙拉使用了个性十足的食材，可以作为主菜。事先将材料准备好，做起来就会十分简单，趁热上桌最为美味。

🛒 材料（4 人份）

苦瓜　1/2 根
玉米笋　4 根
盐　适量
鸡肾　200 克
盐、胡椒　少量
粉胡椒　少量
青柠　少量

❌ 做法

1 苦瓜对半切开取出瓜瓤。切成薄片后泡在清水中，用盐水煮熟。

2 玉米笋去皮，用盐水煮熟。趁热将每根都切成 4 块。

3 鸡肾上撒上盐和胡椒，放在烤网上烤制。

4 趁热将处理好的食材混合，装盘。撒上粉胡椒，装饰青柠即可。

芥味半熟鸡蛋土豆芦笋沙拉

食事屋日式料理（たべごと屋　のらぼう）

用芥末粒提味的味噌蛋黄酱是味觉亮点。这道沙拉适合在新鲜土豆上市时制作。

🛒 材料（4 人份）

鸡蛋　4 个
土豆（大）　4 个
绿芦笋　4 根
芥味噌蛋黄酱（见 183 页）　4 大匙

❌ 做法

1 制作半熟鸡蛋。将鸡蛋放入水中煮 4 分 10 秒至 4 分半，捞出后迅速放入冰水中冷却。

2 土豆放入高压锅中蒸熟。去皮后压碎，同时保留一些块状的部分。

3 绿芦笋用盐水煮熟，捞出沥干。

4 将对半切开的半熟鸡蛋、土豆和切成五六厘米长的绿芦笋装盘，搭配芥味噌蛋黄酱一同食用即可。

什锦沙拉

浩司五十岚蔬菜料理（コウジ イガラシ オゥ レギューム）

这是一道介于什锦沙拉和凯撒沙拉之间的沙拉。因为罗马圆生菜和褶边生菜不容易出水分，所以适合做成温沙拉食用。

🛒 材料（4 人份）

鸡蛋　2 个

法棍　1/5 根

油炸用菜籽油　适量

鸡胸肉　1 片

盐、胡椒　适量

培根　80 克

西芹　约 1 根

番茄（中）　4 个

褶边生菜　1 棵

罗马圆生菜　1 棵

土豆（中）　4 个

黄油、特级初榨橄榄油　适量

大蒜　1 小块

酱油调味汁（见 174 页）　100 毫升

帕尔马干酪碎　适量

❌ 做法

1　鸡蛋煮到全熟。法棍面包切成适口大小，用 170℃的菜籽油炸到酥脆。

2　鸡胸肉用盐和胡椒粉腌制入味。平底锅中倒入特级初榨橄榄油，鸡皮朝下放入锅中煎，盖上盖子焖一段时间。培根煎熟。分别切割成适口大小。

3　西芹斜刀切成薄片，番茄切成半圆形，两种生菜都撕成适口大小。

4　土豆整个上锅蒸熟后剥皮，切成适口大小。加热黄油与特级初榨橄榄油，倒入蒜末炒香，制作油煎土豆。

5　在碗中放入水煮蛋、法棍、鸡胸肉、培根、西芹、番茄和两种生菜，倒入酱油调味汁搅拌均匀。

6　装盘，撒上帕尔马干酪碎即可。

猪里脊蔬菜沙拉

食事屋日式料理（たべごと屋 のらぼう）

使用了大量酸甜口的猪里脊，显得十分豪爽，蔬菜只需稍加调味。

🍱 材料（4 人份）

胡萝卜　1/2 根

四季豆　8 根

荷兰豆　8 只

罗马菜花　1/2 棵

茼蒿　1 棵

壬生菜　1 棵

嫩叶　适量

紫菊苣　1 棵

芝麻油调味汁（见 183 页）　2 大匙

猪里脊　150 克

盐、胡椒粉　各适量

黑醋　50 毫升

味酥　50 毫升

薄口酱油　50 毫升

鲜榨芝麻油　2 大匙

青葱碎　适量

✖ 做法

1　胡萝卜切成厚 2 毫米左右的条状，四季豆切成 5 厘米左右。荷兰豆去掉茎部和筋。罗马菜花切分成适口大小。茼蒿保留叶子的部分，壬生菜切成长 4 厘米左右。嫩叶用清水洗净后沥干，紫菊苣切割成适口大小。

2　将胡萝卜、四季豆、荷兰豆和罗马菜花事先煮熟。所有蔬菜放入碗中，加入芝麻油调味汁调味。

3　在厚切猪里脊上撒盐和胡椒粉，用芝麻油煎熟。味酥煮沸，蒸发酒精，和黑醋、薄口酱油一起倒入。

4　将处理好的蔬菜装盘，加入猪里脊，最后撒上青葱碎即可。

第 3 章 调味汁与酱汁

Dressing and Sauce

本章介绍本书中出场的各种调味汁的制作。

常温或是冷食的调味料，酱汁后会标注"冷"；温食的调味料，酱汁后会标注"温"、如果是既可以冷食也可以温食的调味料，就会在酱汁名字后标注"冷 温"。

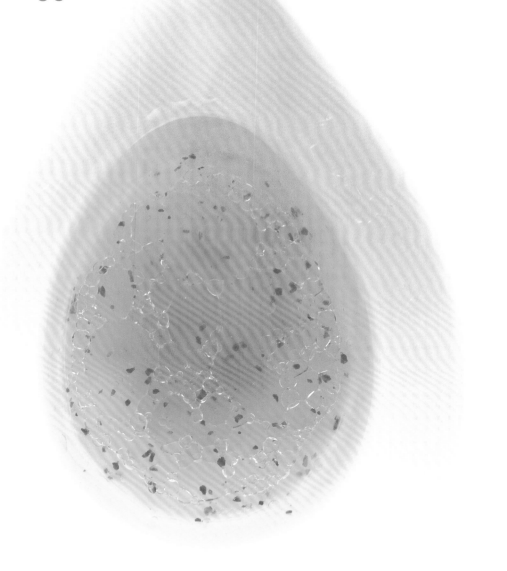

无肉不欢法式餐厅（マルディ グラ）

鱼酱香醋汁 冷

添加了鱼酱的和风调味汁。适用于各种沙拉，与番茄和叶类蔬菜是绝配。

雪莉酒醋　100 毫升
鱼酱　200 毫升
特级初榨橄榄油　100 毫升

将所有材料混合即可。
适用：香草沙拉（P8）

豆浆汤底 温

豆浆与洋葱的香气相互融合是这款调料的魅力所在。适合用作各种汤的汤底。

洋葱碎　1 个的量
黄油　20 克
水　50 毫升
A
┌ 调味酱油　1 小匙
├ 水　100 毫升
├ 盐　少量
└ 豆浆　100 毫升

将洋葱、黄油和水放入锅中煮 30 分钟左右。与 A 一起放入料理机中搅拌，制作成浓稠的酱汁。
适用：蔬菜浓汤粉丝沙拉（P148）

烧烤酱汁 冷 温

这是一款浓缩了各类蔬菜精华的烤肉酱汁。适合搭配各种肉类食用，和俱乐部三明治也是绝配。

洋葱碎　1 个
大蒜末　2 小块的量
黄油　2 大匙
波本威士忌　50 毫升
番茄酱　100 毫升
盐、胡椒粉　各适量

黄油加热融化，冒泡后放入洋葱、大蒜，加入盐和胡椒翻炒。大蒜和洋葱软烂焦黄后，倒入波本威士忌，煮沸使酒精蒸发。加入番茄酱，小火煮 15 分钟左右，让味道能够充分混合。
适用：蔬菜汉堡（P152）

柠檬佛手柑风味调味汁 冷

淡淡的苦味与甜味交替，是一款十分清爽的调味汁。如果没有佛手柑风味的橄榄油，也可以用加入了橙子皮的橄榄油代替。味道十分清爽，适合夏季搭配黄瓜和夏季蔬菜最为可口。

佛手柑风味橄榄油　2 大匙
柠檬汁　2 大匙

将所有材料混合即可。
适用：西芹茴香沙拉（P14）

苹果酒醋调味汁 冷

柔和的酸味能够为各类料理调味，也可以用来搭配腌鱼沙拉、虾、扇贝和熟的蔬菜。

苹果酒醋　1 大匙
菜籽油　1 大匙

将所有材料混合即可。
适用：豆子猪蹄沙拉（P57）

花生酱调味汁 冷

这是一款既能搭配火锅，也能搭配炒蔬菜的百搭蘸料。可以作为煮白菜的蘸料，用来搭配面包吃也十分美味。

花生酱（无糖）　80 克
苹果醋　20 毫升
水　80 毫升
辣味噌　1 小匙
黑糖　3 大匙

将所有材料放入料理机中搅拌，再放入锅中煮沸。冷却后各种味道充分混合，便可食用。
适用：花生酱汁拌菠菜沙拉（P13）

龙蒿风味调味酱汁 冷

通过乳化的方式打造非常柔和的口感。
可以用其他香草来代替龙蒿叶，搭配
香气独特的西芹根等蔬菜也非常合适。

法式芥末酱　1大匙
白葡萄酒醋　1大匙
花生油　100毫升
柠檬汁　1小匙
龙蒿叶（切碎）　1小匙
盐、胡椒粉　各适量

将所有材料放入料理机中搅拌。
适用：蔬菜丝沙拉（P49）

橄榄酱 冷

用于各种蔬菜干及沙拉的调味汁，包
括各种拌菜、温沙拉以及煮过的蔬菜。
搭配面包也别有风味。

去核黑橄榄　100克
特级初榨橄榄油　30毫升
凤尾鱼泥　2大匙
大蒜泥　1小匙
烤松子　2大匙

将所有材料放入料理机中搅拌，直到
变成柔滑的膏状。
适用：拌菜沙拉（P14）

红椒番茄酱 温

能够凸显出彩椒甜味的自制番茄酱，
也可以用于炸鸡和意式肉酱面等料理。

红彩椒　1个
白葡萄酒醋　15毫升
白砂糖　2小匙
甜胡椒（粉末）　少量
水　40毫升
盐、胡椒粉　各适量

将所有材料混合煮，待彩椒煮软后，
全部倒入料理机中搅拌均匀即可。
适用: 蔬菜可乐饼配红椒番茄酱(P125)

葵花子油调味汁 冷

这是一种可以搭配各种蔬菜的万能调
料。也可以代替色拉油，适用于烤肉、
烤鱼以及其他需要保留口感的根类
蔬菜。

葵花籽油　1大匙
柠檬汁　少量

将所有材料混合即可。
适用：拌菜沙拉（P14）

咖喱酱 冷

有浓浓的咖喱风味的调味汁。可以作
为冷制肉类料理和拌胡萝卜丝沙拉的
味觉亮点；也可以在炒饭时使用，打
造独特的风味。

榛子油　3大匙
咖喱粉　1大匙

将所有材料混合即可。
适用：土耳其风味冷食圆白菜卷(P19)

迷迭香风味香醋汁 冷

这是一款兼具香甜与清爽口味的调味
汁，适合搭配熟芦笋或其他煮熟的蔬
菜一同食用。

白葡萄酒醋　50毫升
特级初榨橄榄油　50毫升
大蒜片　1小片
粉胡椒　1大匙
迷迭香　2根

将所有材料混合即可。
适用：烧九条葱沙拉（P13）

多加。
适用：特制西班牙冷汤（P32）

浩司五十岚蔬菜料理（コウジ イガラシ オゥ レギューム）

豆乳蛋黄酱 冷 温

使用植物食材制作的蛋黄酱，可以代替食用沙拉和炸物时使用的普通蛋黄酱。

绢豆腐　1块
芥末　2大匙
苹果醋　30毫升
盐、胡椒　适量

将绢豆腐、芥末和香醋汁放入食物处理器中搅拌均匀，加入盐和胡椒调味。
适用：蔬菜汉堡（P151）

凤尾鱼调味汁 冷

一款可以当作蘸料使用的调味汁，适合搭配圆白菜或其他口感爽脆的蔬菜。

凤尾鱼泥　2大匙
特级初榨橄榄油　1大匙
柿子醋（也可用白葡萄酒醋代替）　50毫升

将所有材料混合即可。
适用：四种葱沙拉（P41）

刺山柑橄榄酱 温

卡拉迈原产黑橄榄带有浓厚的香气与淡淡的酸味。搭配山芋、意面、扇贝、炸茄子等都十分合适。

黑橄榄（卡拉迈产）　200克
鲜榨橙汁（柠檬汁也可）　1/2个的量
凤尾鱼　120克
刺山柑　四五颗
特级初榨橄榄油　200毫升
盐、胡椒　适量

将所有材料放入料理机中搅拌。
适用：野菜沙拉（P108）

蜂蜜柠檬调味汁 冷

葵花子油让整体口味更加轻盈，适合搭配各种鱼类冷菜，冬天也可以替换成柚子调味汁。

柠檬汁　100毫升
蜂蜜　50~80毫升
特级初榨橄榄油　300毫升
葵花籽油　100毫升
盐、胡椒粉　适量
（冬季可以加入少量柚子皮　适量）

将所有材料混合即可。
适用：竹荚鱼甜瓜沙拉（P68）油浸三文鱼芜菁沙拉（P39）

红椒调味汁 冷

不加大蒜，味道更加清爽，适合制作各种汤的汤底和蔬菜等料理。

红彩椒　2个
高汤（P128）　100毫升
西芹　1/2根
生面包粉　2大匙
水果番茄　1~2个
番茄汁　100毫升
特级初榨橄榄油　30毫升
法国绿茴香酒　少量
盐、胡椒粉　少量

彩椒用火炙烤后去皮，切成大块后放入高汤中煮熟。西芹倒入特级初榨橄榄油（分量外）中翻炒，再倒入彩椒和高汤，放入面包粉、番茄和番茄汁煮沸，用搅拌机搅拌均匀。倒入特级橄榄油、法国绿茴香酒、盐和胡椒调味，放置一晚使味道更加融合。盐可适量

松露调味汁 冷 温

这是一款香气浓郁、兼具松露风味的豪华版调味汁。适用于肉类、鱼类和各种前菜。加热后食用也别有风味。

松露（切碎）　5克
雪莉酒醋　40毫升
小牛高汤　10克
核桃油　40毫升
松露油　30毫升

将所有材料混合即可。
适用：甜菜贝壳芜菁孔泰奶酪沙拉（P37）

雪莉酒醋调味汁 冷

可以搭配各种食材的万能型选手。用葵花子油打造出自然的风味，添加香草和香料，口感更丰富。

红葱（切碎） 3 个
雪莉酒醋 360 毫升
特级初榨橄榄油 540 毫升
葵花子油 720 毫升
盐 70 克

将所有材料混合即可。
适用：甜菜贝壳芜菁孔泰奶酪沙拉（P37）

酸辣调味汁 冷

口感十分突出的一款调味汁。也可以加入其他食材来进行改良。适合搭配春季蔬菜等涩味较重的食材。例如竹笋、橄榄、花类蔬菜等。

煮鸡蛋（切成 5 毫米见方的丁） 1 个
酸黄瓜（切成 3 毫米见方的丁） 1 根
红葱碎 1 个
刺山柑碎 5 颗
各类香草碎制成的调味香料 1 大匙

A
┌ 菜籽油 22 毫升
├ 特级初榨橄榄油 22 毫升
├ 美福调味醋 Melfor 15 毫升
├ 芥末 1 小匙
└ 盐、胡椒粉 适量

将 A 中的食材全部混合，制成酱醋汁，然后再放入其他食材。
适用：双笋蛤蜊温沙拉（P105）
野菜沙拉（P108）

凯撒调味汁 冷

味道如同加入了凤尾鱼的蛋黄酱。因为容易分离，所以不能加热食用。可以搭配适合与蛋黄酱一起食用的食材。也可以作为果泥蘸料。

A
┌ 凤尾鱼 55 克
├ 蛋黄 1 个
├ 红酒醋 50 毫升
├ 大蒜 1 小块
├ 鲜奶油 100 毫升
├ 法国芥子酱 1 大匙
└ 菜籽油 400 毫升

将 A 的食材放入料理机中搅拌，加入鲜奶油和法国芥子酱混合均匀。按照制作蛋黄酱的方式，一边用搅拌机搅拌，一边倒入菜籽油，使其逐渐乳化。
适用：法式蔬菜冻（P50）

紫苏香油 冷

适合在紫苏上市时期制作。可以增色。和橄榄油一样可以用于很多种类的食材，搭配羊羔肉等也很合适。

紫苏 适量
油炸用油 适量
盐 适量
特级初榨橄榄油 适量

紫苏放入 100℃ 的油中炸，撒上盐，用料理机搅拌粉碎，倒入特级初榨橄榄油。除盛夏外，都可以使用罗勒。
适用：春季时蔬沙拉（P30）特制西班牙冷汤（P32）海鲜沙拉搭配古斯古斯面 (P89) 牛肚温沙拉 (P162)

香草奶油调味汁 冷

一款使用了多种香草，浓郁清香的调味汁。适用于各种蔬菜料理。也可以搭配使用鱼类食材的前菜。

莳萝、法香、意式西芹、龙蒿叶、欧芹（夏季也可以加入罗勒）共计 50 克
大蒜（煮熟） 1 小块
鲜奶油 300 毫升
盐、胡椒 适量

将香草快速焯一下，倒入煮沸的鲜奶油（少量替换成牛奶）煮约 5 分钟提香，倒入搅拌机中搅拌后过滤。
适用：腌煮时蔬沙拉（P31）

意大利白醋汁 冷

完美融合各种香草的万能调味汁。可以搭配芝麻菜沙拉，搭配苦味和香味十分突出的食材都很合适，也可以用于腌泡。

意大利白醋　100 毫升
芥末籽油　100 毫升
香草粉末　适量
盐　适量

将所有材料放入搅拌机中搅拌均匀。
适用：春季时蔬沙拉（P30）

嫩洋葱调味汁 冷

嫩洋葱的香甜味道十分突出，是一款十分香浓的调味汁。适合搭配鹅肝和鳗鱼、三文鱼等脂肪较多的鱼类，或是搭配羊肉料理。

嫩洋葱　1 个
蜂蜜　10 毫升
花生油　150 毫升
白葡萄酒醋　15~20 毫升
海藻糖　少量
盐、胡椒　适量

将所有材料放入搅拌机中搅拌均匀。
适用：春季时蔬沙拉（P30）

酱油调味汁 温

洋葱的香味十分提神，可以搭配菜花、西蓝花、萝卜丝等蔬菜，十分百搭。

洋葱（切碎）　1/2 个
大蒜末　1/2 小块的量
浓口酱油　70 毫升
米醋　200 毫升
菜籽油　700 毫升
盐　10 克
胡椒　4 个
砂糖　10 克
芥末　1/2 小匙

将所有材料放入搅拌机中搅拌均匀。
适用：什锦沙拉（Meli-Melo）（P167）

番茄果泥 冷

充分突出了番茄香甜味道的番茄果泥。因为没有加醋，所以更容易搭配。可以用于海鲜类的意面或是意大利烤面包片。

番茄（切成半圆形）　2 个
水果番茄（切成半圆形）　2 个
盐　适量
特级初榨橄榄油　20 毫升

将番茄切口向上，放入不锈钢锅中。倒上盐和特级初榨橄榄油，小火加热。因为番茄会逐渐渗出液体，所以要在番茄彻底熟透之前关火。用手持搅拌棒搅拌后沥出液体即可。
适用：番茄沙拉（P21）蚕豆慕斯沙拉（52）海鲜沙拉配古斯古斯面（P89）

鳟鱼子辣酱油 冷

加入了鳟鱼子的调味汁。可以用于搭配鲑鱼和鳟鱼料理。

煮鸡蛋（切碎）　1 个
腌黄瓜（切碎）　1 根
红葱（切碎）　1 个
刺山柑（切碎）　5 颗
莳萝（切碎）　1 大匙
芜菁（切碎）　1/4 个
鳟鱼子　1 大匙
A
├ 菜籽油　22 毫升
├ 特级初榨橄榄油　22 毫升
├ 美福调味醋 Melfor　15 毫升
├ 芥末　1 小匙
└ 盐、胡椒　适量

将 A 的材料混合制作出鱼酱香醋汁，再把其他材料放入其中。

适用：芜菁沙拉拼盘（P39）

酸奶油调味汁 冷 温

酸甜口味的奶油酱汁，都非常百搭。也可以用于煎鹅肝、煎鸡肉、鳕鱼、安康鱼等。

大蒜　1颗
砂糖　15克
红酒醋　15毫升
牛奶　125毫升
鲜奶油　125毫升
盐、胡椒粉　适量

大蒜连皮煮熟，放入180℃的烤箱中烤制约20分钟。然后去掉皮和芽。砂糖放入锅中融化，加入大蒜搅拌均匀。倒入红酒醋煮沸，去掉酸味，沸腾后关小火，加入盐和胡椒粉，再用滤网过滤。
适用：根菜蔬菜片（P48）

春日意式餐厅（リストランテ プリマヴェーラ）

牛油果泥 冷

使用和土豆类似的食材，制作出的果泥一般浓郁柔滑的调味蘸料，也可以作为调味汁使用。

牛油果　1个　130克
柠檬汁　10克
马斯卡彭奶酪　50克
盐　适量

牛油果过筛，加入马斯卡彭奶酪、柠檬汁和盐混合均匀。
适用：迷迭香烤土豆牛油果沙拉(P127)

意式培根凤尾鱼调味汁 温

这是一款可以用来打造味觉亮点的调味汁，兼有意式培根和凤尾鱼的风味。

意式培根　30克
凤尾鱼排　2片
白葡萄酒醋　15克
番茄（切成小块）　50克

将意式培根和凤尾鱼排切成宽　5毫米的条状。用平底锅煎出培根中的油脂，小火炒制。加入凤尾鱼后继续炒制，再加白葡萄酒醋和番茄。
适用：油炸小甘蓝配意式培根凤尾鱼调味汁（P99）

生姜风味调味汁 冷

生姜让常见的胡萝卜沙拉变得个性十足。

生姜汁　10毫升
白葡萄酒醋　5毫升
特级初榨橄榄油　25毫升
盐　一小撮

在碗中倒入生姜汁、白葡萄酒醋和盐，搅拌均匀，再逐渐加入橄榄油使其乳化。
适用：生姜胡萝卜香橙沙拉（P35）

西西里柠檬酱 温

适合搭配温沙拉食用的调味汁，水浴加热让橄榄油与水分更加充分融合。

特级初榨橄榄油　80克
柠檬汁　30克
牛至（干）　1克
意式欧芹（切碎）　1个
盐　适量
水　50克

将除了橄榄油以外的所有食材混合，水浴加热。然后一边搅拌一边加入橄榄油，使其逐渐乳化。
适用：圆白菜温沙拉（P100）

山柑凤尾鱼调味汁 温

柠檬汁让黄油调味汁的味道变得更加清爽。

刺山柑（盐渍）　20克
凤尾鱼泥　1/2小匙
柠檬汁　少量
黄油　5克

黄油放入锅中小火融化，加入刺山柑和凤尾鱼泥翻炒，去掉鱼肉的腥味。最后倒入柠檬汁。
适用：烤芜菁茼蒿沙拉（P123）

罗勒风味调味汁 冷

可以用于多种料理的便利调味汁，搭配沙拉、意面或是主食都可以。

罗勒叶　50 克
烤松子　10 克
大蒜　1/2 小块
特级初榨橄榄油　150 毫升
盐、胡椒　各适量

将所有材料用搅拌机搅拌成泥状即可。
适用： 罗勒风味绿色蔬菜水煮蛋沙拉
（P106）

戈根索勒奶酪酱 温

戈根索勒干酪也可以用奶酪碎代替。

戈根索勒干酪　30 克
牛奶　30 克
意式欧芹碎　适量

牛奶加热，加入切碎的戈根索勒干酪，煮到融化。关火后加入意式欧芹搅拌均匀即可。
适用： 香烤嫩洋葱核桃奶酪沙拉
（P135）

番茄红葱调味汁 冷

法式调味汁加入番茄和香甜的红葱。

法式调味汁（P177）　15 毫升
番茄碎　10 克
红葱碎　5 克
韭黄段　5 克

将所有材料混合即可。
适用： 鲭鱼茄子青柑风味沙拉（P71）
海螺心里美萝卜土当归菜花沙拉（P78）

黄瓜调味汁 冷

在炎热的夏天可以作为汤类食用，一定要冷藏食用。

黄瓜　4 根
白葡萄酒醋　20 克
水　80 克
特级初榨橄榄油　20 克
盐　适量

将黄瓜纵向对半切开，用勺子等器具取出里面的籽。然后与其他食材一起放入搅拌机中搅拌均匀，加入盐调味。
适用： 细意面壬生菜龙蒿沙拉（P24）

莳萝柚子调味汁 冷

这是一款能够突出蔬菜的清爽香气的调味汁。

莳萝叶　4~5 片
柚子皮　1 个柚子
柠檬汁　1/2 个
特级初榨橄榄油　30 毫升
蜂蜜　少量
盐、胡椒粉　各适量

将切碎的莳萝叶、柚子皮、柠檬汁、特级初榨橄榄油和蜂蜜搅拌均匀，再加入盐和胡椒调味。
适用： 白菜西芹脆口沙拉（P16）

欧芹酱 冷

可用于多种料理，冷食和温食都十分适合。

罗勒碎　50 克
西芹　60 克
迷迭香碎　1 枝
凤尾鱼排　2 片
刺山柑　18 克
大蒜　1/2 瓣
特级初榨橄榄油　200~250 毫升
盐、胡椒粉　各适量

将迷迭香碎和大蒜、凤尾鱼和刺山柑一起放入搅拌机中搅拌均匀。再加入西芹和罗勒碎，进一步搅拌。少量多次地加入特级初榨橄榄油，让整体更加顺滑，最后加入盐和胡椒粉调味。
适用： 真蛸土豆西芹沙拉（P87）香烤鲷鱼沙拉（P153）

香味调味汁 冷

紫苏加入凤尾鱼和黑橄榄，让风味更加特别。

紫苏碎　50 片
凤尾鱼排　1.5 块
刺山柑　16 克
黑橄榄（卡拉马塔产）　40 克
特级初榨橄榄油　50 毫升
大蒜末　1 小匙
盐、胡椒粉　各适量

将凤尾鱼排、刺山柑、大蒜和特级初榨橄榄油放入容器中碾碎。加入切碎的黑橄榄，再与大叶混合。最后加入盐和胡椒粉。
适用: 青花鱼茄子青橘果冻沙拉（P71）

荷兰豆调味汁 冷

带着春天气息的清爽调味汁充分发挥食材的原味。

荷兰豆　100 克
盐　适量

去掉荷兰豆的蒂，加入盐后煮至软烂，然后与煮出的汤汁一起冷却，放入搅拌机中搅拌后过滤。
适用: 鲍鱼春笋沙拉配（P79）

法式调味汁 冷

可以用来给蔬菜沙拉调味，同时也是多种调味汁的基础款。

洋葱　1/2 个
法国芥末　1/4 小匙
色拉油　750 毫升
醋　150 毫升
柠檬汁　1/4 个
辣椒酱　适量
辣酱油　适量
盐、白胡椒粉　各适量

将洋葱和法国芥末放入搅拌机中搅拌。等洋葱被搅拌成碎末后，少量多次加醋，继续搅拌。少量多次加入色拉油，继续搅拌，再加入 50 毫升的醋。反复操作，直到充分混合。再加入柠檬汁、辣椒酱和辣酱油继续搅拌，最后加入盐和白胡椒粉调味。
适用: 各种调味汁的基础款。

番茄调味汁 冷

水果番茄制作出香甜口味的果泥，色泽十分鲜艳。

水果番茄　15 个
盐、蜂蜜　适量

将水果番茄水浴去皮，对半切开后取出里面的子，用盐和蜂蜜腌渍一晚。

沥干水分，并用搅拌机搅拌均匀，过滤后沥干水分。
适用: 菜花牛奶布丁沙拉（P29）蚕豆慕斯沙拉（P52）

蔬菜调味汁 温

充满了蔬菜香气的白色调味汁。有气泡，口感顺滑，香气也很突出。

A
┌ 白葡萄酒　150 毫升
├ 粗粒胡椒　2 颗
├ 红葱碎　1/4 个
├ 龙蒿叶　3 片
├ 罗勒叶　1 片
├ * 蔬菜高汤　300 毫升
├ 鲜奶油　200 毫升
└ 牛奶　100 毫升
黄油　5 克
卵磷脂　1 克

* 蔬菜高汤，1/4 个洋葱、1/2 个胡萝卜、1 根西芹、1/4 个茴香、50 克萝卜、1 个红葱、1 个番茄、1 升水、200 毫升高汤、200 毫升白葡萄酒、15 毫升白葡萄酒醋、1 包香料包一起放入水中煮三四个小时，同时捞出杂质。留下 1 升高汤。

将 A 用小火煮至原先分量的 1/3 后，加入蔬菜高汤，再煮到原先的 1/3 的量。加入鲜奶油和牛奶煮 10 分钟左右，注意不要使其沸腾，让各种味道充分混合。用滤网过滤，加入黄油和卵磷脂，再用手持搅拌器打出泡沫。
适用: 香烤鲷鱼沙拉（P153）

鲍鱼肝调味糊 冷

法式调味汁和柠檬汁的清爽口感，让
鲍鱼肝独特的味道更容易为人接受。

鲍鱼肝　1 个
法式调味汁（见 177 页）　适量
柠檬汁、盐　少量

鲍鱼肝煮熟，用搅拌机搅拌，过滤，倒
入法式调味汁和柠檬汁，再加盐调味。
适用：鲍鱼春笋沙拉（P79）

草莓调味汁 冷

酸甜的草莓风味调味汁，适用于野味
兽肉沙拉。

草莓　100 克
法式调味汁（见 177 页）　50 克

将草莓放入搅拌机中搅拌成果泥，再
与法式调味汁充分混合。
**适用：红酒腌鸭肉和熏制鸭肝拌莓果
沙拉（P95）**

皮埃蒙特酱 冷 温

最受欢迎的食用方法是蘸着蔬菜食用。
大蒜反复煮熟，味道十分柔和。

大蒜　50 克
牛奶　200 毫升
凤尾鱼泥　50 克
特级初榨橄榄油　50 毫升
黄油　20 克

大蒜反复煮熟 3 次，放入牛奶中煮沸，
过滤，再与其他食材一起放入搅拌机
中搅拌均匀。
适用：马肉根菜沙拉（P90）

香草蛋黄酱 冷

蛋黄酱中加入香草，呈现清新的绿色。

蛋黄酱　100 克
法香、龙蒿叶、意式欧芹 共 20 克

将香草的叶子撕下，用热水焯熟沥干，
放入搅拌机中搅拌成酱，再与蛋黄酱
充分混合。
适用：毛蟹西芹根与牛油果沙拉（P77）

龙虾高汤 温

充分提炼出龙虾的鲜味。

龙虾头　500 克
特级初榨橄榄油　80 毫升
白兰地（VO）　20 毫升
法国绿茴香酒　20 毫升
白葡萄酒　50 毫升
A
├ 洋葱　100 克
├ 胡萝卜　50 克
├ 西芹　25 克
├ 韭葱　75 克
├ 茴香　100 克
└ 大蒜　1 小块
B
├ 浓缩番茄酱　15 克
├ 番茄　200 克
├ 鸡肉高汤　200 毫升
├ 水　500 毫升
└ 香料包　1 包

将特级初榨橄榄油高温加热，放入龙
虾头炒制。加入白兰地、法国绿茴香
酒和白葡萄酒煎制。另起一锅将大蒜
和橄榄油加热，放入切成片的 A 中的
蔬菜翻炒，再加入龙虾头和 B 的食材，
去除杂质。放入香料包煮三四十分钟。
过滤后继续加热，煮到原分量的 1/3
左右。
适用：日本龙虾白芦笋八朔沙拉（P158）

浓缩巴萨米克调味汁 冷 温

将巴萨米克醋煮沸浓缩，能够打造味觉亮点。特级初榨橄榄油让整体更有光泽。

巴萨米克醋　180 毫升
特级初榨橄榄油　60 毫升
盐、胡椒粉　适量

巴萨米克醋加热煮沸，煮到约剩 60 毫升左右，再加入等量的橄榄油。最后用盐和胡椒调味。
适用：红酒腌鸭肉和熏制鸭肝拌莓果沙拉（P94）马肉根菜沙拉（P90）香烤鲷鱼沙拉（P156）

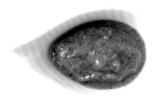

意面青酱 冷

可以搭配沙拉、主菜、意面等，是夏季不可或缺的配料。

罗勒叶　25 克
烤松子　35 克
大蒜　1 小块
帕米尔干酪　35 克
特级初榨橄榄油　35 克
盐、胡椒　适量

将大蒜、松子和少量橄榄油放入搅拌机中搅拌成泥状，加入罗勒叶继续搅拌。然后再少量多次地倒入剩余的橄榄油及帕米尔干酪碎。随后加入盐和胡椒调味。
适用：卡布里沙拉（P22）

香草橄榄酱 冷

黑橄榄独特的浓郁味道，让整道料理都变得充满个性。

去核黑橄榄　50 克
大蒜　2 克
凤尾鱼排　1 片
刺山柑　10 克
罗勒（中）　2 根
百里香　1 克
迷迭香　1 克
卡宴辣椒　适量
盐、黑胡椒　适量
特级初榨橄榄油　适量

将所有材料放入搅拌机中搅拌均匀后加入橄榄油继续搅拌。用粗一些的滤网过滤。
适用：卡布里沙拉（P22）

圣女果沙拉调味汁 冷

重点要让圣女果放一段时间，使甜味和水分充分融合。

圣女果　4 个
蜂蜜　1/2 小匙
特级初榨橄榄油　适量
罗勒碎　2 片
巴萨米克醋　1/2 小匙
大蒜末　1/3 小匙
盐、胡椒粉　适量

将圣女果切成 4 块。与其他材料混合后加入盐和胡椒粉调味。放置两三分钟，等待充分入味。
适用：煎嫩羊排蔬菜沙拉（P112）

油炸鱼调味汁 温

突出酸味的温热调料汁，也可以搭配炸鱼等各种油炸料理。

A
├ 红葱丁　1/2 个的量
├ 红、黄彩椒丁　各 1 个
└ 西葫芦丁　1/2 根

松子（烤）　适量
葡萄干　适量
意式培根　适量
大蒜（蒜末）　1/2 小块
花椒　10 粒
白葡萄酒　适量
白葡萄酒醋　100 毫升
特级初榨橄榄油　300 毫升
砂糖、盐、白胡椒　适量

葡萄干用温水泡发。意式培根切成边长 3 毫米的块状。将大蒜、花椒放入特级初榨橄榄油中翻炒至焦黄色，再倒入意式培根继续翻炒。将 A 的食材全部倒入后，再放入松子和葡萄干。倒入白葡萄酒，加热将酒精蒸发。加入糖、盐、白胡椒和葡萄酒醋，再继续煮一段时间。最后倒入特级初榨橄榄油再煮一小会儿，再用盐、白胡椒和砂糖进行最后的调味。
适用：香鱼意式小方饺（P156）

荷兰酱 温

温暖的调味汁，要趁着还有泡沫的最新鲜状态食用。

蛋黄　4 个
水　50 毫升
脱水黄油　200 毫升
A
　├ 白葡萄酒　100 毫升
　├ 柠檬汁　适量
　├ 白胡椒　少量
　└ 雷司令葡萄酒　100 毫升

将 A 加热浓缩。放入另一锅中，加入蛋黄和水，用打蛋器不断搅拌。小火煮至浓稠，关火。少量多次地加入无水黄油，搅拌均匀。再倒入雷司令葡萄酒，过滤，趁热食用。

适用: 日本龙虾白芦笋八朔沙拉(P158)

夏季时蔬淹泡调味汁 冷

充分突出了蔬菜的甘甜，适合用于冷制意面。

水果番茄　2 个
红、黄彩椒　各 1 个
茄子　2 根
黑橄榄　16 个
绿橄榄　8 个
刺山柑　1 大匙
盐、白胡椒　适量

大蒜　适量
特级初榨橄榄油　适量
巴萨米克醋　适量

在彩椒和茄子上撒盐和橄榄油，放入 160℃的烤箱中烤到颜色发黑，去皮，切成宽 5 毫米左右的条。水果番茄水浴去皮，切成半圆形。将所有材料充分混合，入味即可。

适用：夏季蔬菜沙拉冷意面（P65）

玄斋日式餐厅（玄斋）

蛋黄醋 冷

由蛋黄和醋水浴加热制作出的酱料，适合搭配各种蔬菜料理。

蛋黄　2 个
醋　2 大匙
砂糖　1.5 大匙
盐　少量

将所有材料混合，隔水加热，慢慢搅拌直至黏稠，过滤即可。

适用：芜菁乌鱼子沙拉（P36）

高汤酱油汁 冷

高汤　1
浓口酱油　1
味醂　1

将材料按照比例混合后煮沸，静置冷却。比例可根据个人口味调整。

适用：网烤辣椒马鬃肉沙拉（P113）

花生沙拉酱汁 冷

充分突出了花生酱的香气，浓郁的口感和蔬菜十分搭配。

花生酱（无糖）　70 克
高汤　3 大匙
砂糖　1.5 大匙
薄口酱油　1 大匙

花生酱中倒入高汤，充分搅拌均匀。加入砂糖和薄口酱油调味，最后过滤即可。

适用：红薯芽银杏果花生沙拉（P60）

核桃油调味汁 冷

使用了香气扑鼻的核桃油，适合搭配加入了坚果的蔬菜沙拉。

醋　2 小匙
盐　1.5 小匙
胡椒粉　1/4 小匙
柠檬汁　1/2 个
核桃油　适量

将所有材料混合，充分搅拌均匀让空气混入其中。

适用：茼蒿海老芋沙拉（P133）

素面汁 冷

最基础的素面蘸料，加入了甜煮香菇的高汤，让味道更加有层次。

A
- 高汤　300 毫升
- 浓口酱油　三四大匙
- 薄口酱油　四五大匙
- 味醂　3 大匙
- 甜煮香菇高汤　适量

追加的木鱼花　少量

将 A 混合均匀，加热至沸腾。关火后放入木鱼花，静置冷却，过滤后使用。

适用：茄子素面（P25）

花椒醋味噌 冷

将两种味噌混合，加入了花椒提味。适合用来搭配蒟蒻、芜菁、醋腌青鱼等料理。

白味噌　50 克
田舍味噌　10 克
砂糖　5 克
醋　2~3 大匙
和式芥末　少量
花椒（味噌腌渍）　少量

将白味噌和田舍味噌混合均匀。加入砂糖、醋与和式芥末，充分搅拌均匀。接着经过双层过滤让整体口感更加柔和。加入碾碎的花椒（味噌腌渍），混合均匀。

适用：壬生菜鱼皮爽脆沙拉（P73）

腌鱼刺山柑调味汁 冷

使用了腌鱼的米糠和刺山柑的调味汁。可以代替凤尾鱼调味汁，来搭配圆白菜、土豆沙拉和蒸菜（白菜、根菜类）等的沙拉。

A
- 橙子醋　6
- 白酱油　6
- 沸腾后去除了酒精的酒　3
- 味醂　2
- 醋　1
- 色拉油　2

腌鱼的米糠　少量
醋腌刺山柑　少量

A 中的食材按比例在碗拌匀。倒入米糠和切碎的刺山柑，混合即可。

适用：土当归菜花短蛸沙拉（P86）

白芝麻拌酱 冷

以拌豆腐为基础，加入了白芝麻。与菠菜一类的蔬菜和干物（紫萁、香菇、葫芦干等）搭配，口感绝佳。

木棉豆腐　180 克
白芝麻　10 克
白味噌　1 小匙
薄口酱油　1 大匙
砂糖　1 大匙
味醂　少量

木棉豆腐沥干后过筛。将炒熟的白芝麻碾碎，与豆腐混合均匀，充分搅拌直到完全混合为止。

适用：白芝麻拌藕（P45）

蜂斗菜醋味噌 冷

应季的美味调味汁，能够搭配多种料理和食材，是一种非常受欢迎的配料。

蜂斗菜　2 个
色拉油　少量
红味噌　30 克
砂糖　1/2 小匙
醋　3 大匙

蜂斗菜切碎，倒入色拉油翻炒。将红味噌、砂糖和醋充分搅拌均匀，炒好的蜂斗菜倒入其中，轻轻混合即可。

适用：竹笋甜豆沙拉（P107）

柚子醋调味汁 冷

加了高汤的柚子醋酱油，带有淡淡的酸味。作为不含油脂的调味汁，可以搭配多种食材。

柚子醋　1
浓口酱油　1
高汤　1

将材料按照上述比例混合。

适用：烤蘑菇哈罗米奶酪沙拉（P62）

食事物日式料理（たべごと屋　のらぼう）

嫩洋葱酱汁 冷

充分发挥了嫩洋葱爽口的辛辣和香甜的一款调味汁，适合搭配醋腌青鱼和猪五花、鲣鱼肉等。

嫩洋葱碎　4 个
煮沸后酒精蒸发的味醂　50 毫升
芝麻油（鲜榨）　50 毫升
纯米醋　30 毫升
薄口酱油　30 毫升
盐、胡椒粉　各适量

将所有材料混合即可。
适用：醋腌秋刀鱼沙拉（P70）

柚子胡椒调味汁 温

尝过之后口中会留下淡淡辛辣的余味。适合加在豆腐泥中，或者搭配其他豆腐料理和腌章鱼。

鲜榨芝麻油　50 毫升
纯米醋　30 毫升
柚子胡椒　1 小匙
盐、胡椒粉　各适量

将所有材料混合。根据口味调节柚子胡椒和盐的分量。
适用：油炸豆腐配茼蒿海苔柚子胡椒调味汁（P145）

梅子醋 冷

梅子醋与味醂混合出柔和的口感。适合搭配青紫苏竹荚鱼、腌黄瓜和萝卜沙拉。

梅子肉　50 克
梅子醋　2 小匙
煮沸后酒精蒸发的味醂　2 小匙

将所有材料混合即可。
适用：虾土当归抱子甘蓝拌梅子醋沙拉（P81）

柚子醋 冷

通过高汤与日本柑橘打造出温和的口感。适合搭配各种蔬菜、猪五花肉蒸白菜和白身鱼的刺身等。

煮沸后酒精蒸发的味醂　50 毫升
煮沸后酒精蒸发的酒　50 毫升
鲜榨柑橘汁　150 毫升
薄口酱油　100 毫升
海带　1 片
木鱼花　50 克

味醂和酒煮沸后冷却，加入柑橘汁和薄口酱油。放入海带和木鱼花，在冰箱中放置一周左右使其熟成。使用之前过滤。
适用：茄子野姜爽口沙拉（P24）

基础法式调味汁 冷

选用了新鲜的材料，打造出最温和的口感。适合搭配拌蔬菜、煮叶类蔬菜和夏天的蔬菜食用。

鲜榨芝麻油　50 毫升
纯米醋　30 毫升
盐、胡椒粉　适量

将所有材料混合即可。
适用：腌泡炙烤扇贝萝卜沙拉（P74）

芝麻调味酱 冷

带着芝麻的醇厚浓香，适合搭配各种蔬菜，与蒸鸡肉和水煮猪肉也十分相配。

白芝麻　100 克
A
├ 煮沸后酒精蒸发的味醂　80 毫升
├ 薄口酱油　100 毫升
├ 三温糖　50 克
├ 纯米醋　80 毫升
├ 蛋黄　1 个
├ 芝麻油（鲜榨）　100 毫升
└ 淀粉　2 小匙

白芝麻磨碎，按照顺序加入 A 中的食材慢慢混合乳化。放入锅中小火加热，加入用等量的水化开的淀粉慢慢搅拌，注意控制黏稠程度。
适用：壬生菜雪莲果配蒸鸡肉沙拉（P38）芝麻酱拌蒸蔬菜沙拉（P119）

蛋黄酱 冷

味噌蛋黄酱的基础款，只有自己制作才会有这种浓郁的口感。可以加工成为各种不同口味，适合搭配金枪鱼排或是炸藕等。

蛋黄　3个
盐　1小匙
纯米醋　2大匙
芝麻油（鲜榨）　130克

将除芝麻油以外的食材混合，少量多次加入芝麻油，慢慢打发并乳化。
适用：芥味半熟鸡蛋土豆芦笋沙拉（P166）

芥味噌蛋黄酱 冷

将甜口的白味噌与芥末粒混合，打造出的西式风味调味汁。适合搭配圆白菜和蔬菜条，也可以作为炸芦笋的蘸酱。

百味噌　100克
芥末粒　2小匙
煮沸后酒精蒸发的味醂　20毫升
蛋黄酱（见本页）　59克

将所有材料混合即可。
适用：芥味半熟鸡蛋土豆芦笋沙拉（P166）

芝麻油调味汁 冷

可以用来腌制或腌泡蔬菜，适用范围很广泛。适合搭配纳豆以及各种新鲜的蔬菜沙拉。也可以涂在烤鱼上食用。

鲜榨芝麻油　50毫升
盐、胡椒粉　适量

将所有材料混合即可。
适用：嫩洋葱圆白菜沙拉（P46）糠渍沙拉（49页）猪里脊蔬菜沙拉（P168）

巴萨米克调味汁 冷 温

用于冷菜或热菜皆可，特征是熟成后的淡淡酸味。可以搭配羊栖菜沙拉和牛肉以及番茄香草类沙拉。

芝麻油（鲜榨）　50毫升
巴萨米克醋　50毫升
盐、胡椒粉　各适量

将所有材料混合即可。
适用：香炒培根菌类西芹沙拉（P149）

三温糖调味汁 冷

能够给食材增添鲜味的一款调味汁，保存时间较长，适合搭配各种根类蔬菜和炸鸡等。

芝麻油（鲜榨）　50毫升
纯米醋　50毫升
三温糖　20克
盐、胡椒粉　适量

将所有材料混合即可。
适用：腌泡羊栖菜菌类藕片沙拉（P44）油炸根菜沙拉（P46）

罗勒调味汁 冷

可根据个人口味加入奶酪和香草。适合搭配烤鸡肉和鲷鱼、鲈鱼等白身鱼料理，也可以搭配番茄和蛋包饭。用来给圆白菜和西蓝花等的蔬菜沙拉调味也很合适。

罗勒酱（市售）　30克
特级初榨橄榄油　50毫升
盐、胡椒粉　各适量

将所有材料混合即可。
适用：罗勒酱芜菁水果番茄沙拉（P49）

南瓜泥 温

热乎乎的南瓜本身就可以作为一道沙拉。可以加入煮熟的荷兰豆和嫩洋葱，也可以涂在面包上。

南瓜　1/4 个
巴萨米克醋　1 大匙
盐、胡椒粉　各适量
烤南瓜子　适量

南瓜蒸熟后压成泥状，加入盐、胡椒粉和巴萨米克醋调味。放入南瓜子搅拌均匀。

适用：油炸蔬菜沙拉（P141）

牛油果豆腐酱 冷

加入了木棉豆腐，整体上更有日式特色。可以用来拌番茄，或作为煮虾或蔬菜条的蘸料。

牛油果（全熟）　1 个
木棉豆腐　1/2 块
薄口酱油　1 小匙
盐、胡椒粉　适量

将牛油果与沥干水分后过筛的木棉豆腐充分混合，搅拌均匀。加入盐和胡椒粉调味。再滴入少量薄口酱油提香。

适用：油炸蔬菜沙拉（P141）

蚝油鱼酱汁 温

使用个性十足的调味料，打造一款味道浓重的调味汁。

鱼酱　1 小匙
中国酱油　1/2 大匙
蚝油　1 大匙

将所有材料混合即可。
适用：圆白菜温沙拉（P99）

辣味调味汁 冷

生姜和绿胡椒让味道更加刺激。

生姜末　1 大匙
绿胡椒粒　1/2 大匙
白芝麻油　2 大匙
柠檬汁　1 大匙
薄口酱油　1/2 大匙
将所有材料混合即可。

适用：海蜇西洋梨沙拉（P84）

芝麻醋味噌 冷

保留了白味噌温和的口感，可以用来制作茼蒿和章鱼的拌菜。

炒白芝麻　50 克
白味噌　30 克
纯米醋　20 毫升
煮沸后酒精蒸发的味醂　20 毫升

将所有材料混合即可。
适用：牛蒡坚果扮芝麻醋味噌沙拉（P44）

美虎中餐厅

橄榄风味调味汁 温

通过不断翻炒让各种食材融合，再加入酱油提味，可以作为调味料来使用。

切片黑橄榄　8 颗的量
XO 酱　2 大匙
红辣椒　1 根
色拉油　适量

用色拉油炒制红辣椒，加入 XO 酱和黑橄榄轻轻翻炒。
适用：橄榄风味杏鲍菇（P152）

黑醋调味汁 冷

使用高品质的黑醋,让酸味瞬间升级。

大蒜末　1 小匙
长葱碎　1/3 根
A
 黑醋　3 大匙
 焦糖酱　1 大匙
 浓口酱油　1/2 大匙
 芝麻油　3 大匙

蒜末与 A 充分混合,加长葱搅拌即可。
适用:鸟贝菜花沙拉(P76)

虾米咸鱼调味汁

由鲜味十足的虾米和咸鱼制作出的调味汁,个性十足。

切碎的虾米　2 大匙
切碎的咸鱼　1 大匙
薄口酱油　1/2 大匙
醋　1 小匙
白芝麻油　1.5 大匙

虾米和咸鱼用白芝麻油炒制,再加入其他材料。
适用:茭白金针菜温沙拉(P110)

辣味奶酪调味汁 冷

使用奶酪和豆瓣酱打造出的又甜又辣的美味调味汁。

奶酪碎　4 大匙
A
 白味噌　1 大匙
 豆瓣酱　1 大匙
 柠檬汁　1 大匙
 薄口酱油　1/2 大匙
白芝麻油　2 大匙

将奶酪与 A 充分混合。最后加入白芝麻油拌匀。
适用:生扇贝牛油果拌辣味奶酪沙拉(P69)

芝麻油调味汁 冷

高品质的芝麻油打造出高雅的香气。

芝麻油　2 大匙
盐　1/3 小匙
醋　1 大匙
胡椒　少量

将所有材料混合即可。
适用:蔬菜锅巴汤沙拉(P104)

柚子风味调味汁 冷

美味的关键是将材料混合后放入冰箱冷藏半天入味。

柚子皮　一个柚子的量
柚子汁　2 大匙
白芝麻油　1 大匙
砂糖　2/3 大匙

柚子皮切丝,与其他材料充分混合。
适用:柚子风味韩国南瓜(P26)

蚝油调味汁 温

这款调味汁香气十分浓郁,所以更适合搭配水煮后味道较为浓烈的蔬菜。

蚝油　1 大匙
浓口酱油　1/3 大匙
芝麻油　1 大匙

将所有材料混合即可。
适用:蚝油浇汁油菜沙拉(P100)

翡翠调味汁 冷

翡翠色的调料汁颜值极高，主要食材是香葱。

香葱　1把
白芝麻油　4大匙
柠檬汁　1大匙
盐、胡椒粉　少量

香葱用热水焯熟，与白芝麻油一起放入搅拌机中搅拌。加入柠檬汁、盐和胡椒粉调味。
适用：翡翠章鱼沙拉（P81）

红曲调味汁 冷

为了突出调味汁鲜艳的红色，尽量在上菜之前再浇在沙拉上。

红曲酱　1大匙
白芝麻碎　少量
白味噌　2大匙
豆瓣酱　1小匙
薄口酱油　1/2大匙
醋　1大匙
砂糖　1/2大匙
白芝麻油　2大匙

将所有材料混合即可。
适用：金枪鱼土当归红曲沙拉（P69）

甜醋 冷 温

基础款的甜醋，可以做成各种不同口味。

水　100毫升
砂糖　100毫升
醋　100毫升

将所有材料混合即可。
适用：甜辣白菜沙拉（P17）

韩国甜酱调味汁 温

用韩国风味的甜酱和豆豉酱，打造出与众不同的风味。

甜酱　1大匙
豆豉酱　1大匙
醋　1/2大匙
芝麻油　1大匙

将甜酱与豆豉酱充分混合，加入醋和芝麻油搅拌均匀。
适用：牛蒡干沙拉（P135）

香橙风味调味汁 冷

融合了酸味与辣味的调味汁。适合搭配肉类沙拉。

鲜榨卡波苏香橙汁　1/2大匙
白芝麻油　1大匙
辣椒粉　少量

将所有材料混合乳化即可。
适用：炙烤里脊香橙风味沙拉（P91）

生姜调味汁 冷

确定使用后直接制作最新鲜的调味汁，可以控制生姜的涩味。

生姜末　1大匙
白芝麻油　2.5大匙
柠檬汁　1大匙
砂糖　1/2大匙

将所有材料混合即可。
适用：金橘生姜沙拉（P27）

蛋黄酱调味汁 冷

味道浓郁醇厚，是一款不可多得的百搭调料。

蛋黄酱　80 克
酸奶（含糖）　200 克
盐　少量

酸奶加盐，倒入铺了厨房用纸的滤网中，过滤 1 小时左右，沥干水分。在沥出的酸奶中加入蛋黄酱，搅拌均匀。
适用：黑虎虾仁沙拉（P80）

麻辣汤底 温

可以作为底料用于多种料理，用途十分广泛。

辣油　3 大匙
黑醋　50 毫升
鸡骨高汤　200 毫升
面条酱汁　2 大匙

将所有材料混合加热即可。
适用：麻辣番茄沙拉（P111）

柚子胡椒风味调味汁 冷

加入了柚子胡椒的醋酱油，可应用的料理种类十分广泛。

柚子胡椒粉　1/2 大匙
薄口酱油　1/2 大匙
醋　1/2 大匙

将所有材料混合即可。
适用：柚子胡椒风味茄子沙拉（114）

辣腐乳调味汁 冷

使用高品质的腐乳，让整体口感更加柔和。

辣腐乳　3 大匙
豆瓣酱　1/3 小匙
醋　1.5 大匙
薄口酱油　1 大匙
芝麻油　2 大匙
砂糖　1 大匙
大蒜末　1/2 小匙

将辣腐乳压成酱状，与其他材料充分混合即可。
适用：涮猪里脊辣腐乳沙拉（96）

鲜辣椒调味汁 冷

将辣味深入色拉油中，鱼酱是亮点。

鲜青辣椒段　1 大匙
鲜红辣椒丝　1 大匙
色拉油　适量
大蒜泥　1 小匙
鱼酱　1/2 大匙
柠檬汁　1 大匙
薄口酱油　1/2 大匙

将鲜青辣椒和鲜红辣椒放入能够没过它们的色拉油中，浸泡 1 天，然后加入其他的材料搅拌均匀。
适用：鲜辣蛏子洋葱沙拉（76）

李南河韩式料理

甜酱油调味汁 冷

使用了市面销售的烤肉调味汁制作的酸甜口味调味汁。可以搭配各种食材。
米醋　1 小匙
烤肉调味汁（市售）　1 大匙
白芝麻油　1 小匙
芝麻油　1 小匙
大蒜泥　2 克

将所有材料混合即可。
适用：茄子里脊沙拉（P27）

辣味噌调味汁 冷 温

因为使用了韩式辣酱,所以这款调味汁也带着淡淡的辣味,也可以搭配热菜。

韩式辣酱　200 克
浓口酱油　200 克
砂糖　150 克
芝麻油　60 克
白芝麻　30 克
生姜末　30 克
白葱末　30 克

将所有材料混合即可。
适用:双色西葫芦辣拌沙拉(P114)

药念 冷

药念是韩式调味料的总称,是奠定料理基础的调味料。

辣椒粉　1
大蒜末　1

将材料按照比例混合即可。
适用:白菜蒜苗沙拉(P15)粉丝沙拉(P64)鱿鱼丝拌洋芹即食沙拉(P83)

蛤蜊高汤 冷 温

充分提炼出蛤蜊鲜味的高汤。可以用于各种面类沙拉。

蛤蜊　16 个
酒　180 毫升
水　360 毫升

向锅中倒入能够没过蛤蜊的酒和水,加热。沸腾后倒入蛤蜊,盖上盖子再煮一段时间。蛤蜊开口后捞出,汤汁便是蛤蜊高汤。
适用:蛤蜊水果冷面沙拉(P67)

朝鲜莴苣调味汁 冷

适合搭配朝鲜莴苣,也可以搭配各种蔬菜。

白芝麻油　120 毫升
芝麻油　60 毫升
醋　60 毫升
白芝麻　15 克
鲜味调味料　少量
盐、胡椒粉　各少量
白胡椒　少量

将所有材料混合即可。
适用:梅子朝鲜莴苣海鲜沙拉(P72)

醋味韩式辣酱 冷

辣椒醋味噌不仅可以用于沙拉,还可以用于其他多种料理。

韩式辣酱　200 克
醋　100 毫升
味噌　100 克
砂糖　100 克
浓口酱油　1 大匙
白芝麻碎　30 克
大蒜末　20 克

将所有材料混合即可。
适用:柿子芜菁章鱼沙拉(P33)

梨子泥调味汁 冷

甘甜的梨子经常出现在韩国料理中,也可以制作成泡菜。调味汁中梨子的甜味也起到十分关键的作用。

梨子泥　1/2 个的量
柚子醋　2 大匙
芝麻油　2 小匙
醋　少量
柠檬汁　1/4 个

将所有材料混合。可以根据使用的柚子醋的量来调节醋的用量,也可以不加醋。
适用:壬生菜白子拌梨子泥沙拉(P85)

餐厅与主厨介绍

和知 徹

无肉不欢法式餐厅（マルディ グラ）
东京都中央区银座 8-6-19 野田屋大厦 B1
电话 03-5568-0222

营业时间　18：00~23：00（L.O.）
休息日　周日

2001 年开业，在法餐界为人熟知的人气料理店。店名让人感觉肉类料理才是这家店的主打菜。但其实从开业时起，他就秉承着"主打肉类料理的店一定要有拿得出手的蔬菜料理"这一信念，坚持不懈地开发蔬菜料理。独特的香料，兼具法式与日式风情的装盘手法，都是和知大厨一如既往的特点。最近还根据老客人的需求，推出了全素菜和养生料理。从 2007 年开始，和知逐渐将自家农园中种植的香草和蔬菜用于店铺的料理制作。

五十岚浩司

浩司五十岚蔬菜料理（コウジ イガラシ オゥレギューム）
东京都北区中里 2-4-10
电话 03-6903-4421

营业时间　12：00~13：30(L.O. 周五~周日)
　　　　　18：00~21：30(L.O. 周一~周日)
休息日　周三、每月每一和第三个周二　定休

2003 年 9 月在赤坂开店，2013 年移至主厨的家乡驹达。以时令蔬菜作为主题的餐厅。主厨五十岚浩司曾在法国拥有自家农园的米其林二星料理店和新泻等地，充分感受了蔬菜的无限魅力。为了能够成为生产者与食客之间的"桥梁"，这家店始终致力于提供时令的"自己想吃的蔬菜料理"。使用了新泻、岩手和千叶的直供蔬菜，以法餐的为基础，搭配各种自创的菜品，得到了众多客人的欢迎。午餐价位从 1900 日元起，晚餐有 5600 日元的套餐。

黑羽 徹

春日意式餐厅（リストランテ プリマヴェーラ）
静冈县骏东郡长泉町铁线莲之丘 347-1
电话 055-989-8788
http://www.clematis-no-oka.co.jp

营业时间　11：00~13：30（L.O.）
　　　　　17：30~20：30（L.O）
休息日　周三（如遇节假日则推后）
每月第一和第三周的晚餐

乘坐新干线从东京到三岛需要约 1 小时的时间。在能够眺望富士山的广阔地面上，有一个拥有美术馆、铁线莲花园和餐厅的铁线莲之丘。本店就是这一大型综合设施中的一家意式餐厅。餐厅三面都是玻璃，进口处装点了各种玻璃艺术品，利用阳光打造出度假地独有的风格。当地产的蔬菜、伊豆捕猎的野味、骏河湾捕捞上来的海鲜，经在意大利修行了 5 年的黑羽大厨之手，变为一道道美味佳肴。中午套餐 5000 日元起，晚上套餐 13000 日元起。全店有 88 个餐位。在每年 4 月铁线莲开花的季节，生意最为兴隆。

本多哲也

本多意式餐厅（リストランテ ホンダ）
东京都港区北青山 2-12-35 一层
电话 03-5414-3723
http://www.ristorantehonda.jp

营业时间 12：00-14：00（L.O.）
　　　　　 18：00-22：00（L.O.）
休息日 周一（如遇节假日则延后）

主厨本多哲也，在东京积累了意式料理的经验，在意大利、法国历经修行，并曾担任意式餐厅 ARUBORUTO 的副厨师长。2004 年在东京青山开始经营意式餐厅"HONDA"。料理兼具欧洲料理的华丽特色和日本料理细腻的美感，俘获了众多女性食客的心。本书中收录了能够作为主菜的大分量沙拉，以及能够作为前菜或搭配意面食用的沙拉。通过香味、甜味、苦味等味觉亮点，让沙拉的味道更加突出。中午有 3780 日元和 7560 日元的套餐。晚上有 9180 日元、11880 日元和 16200 日元的套餐（含税价格，服务费另收）。

上野直哉

玄斋日本料理
兵库县神户市中央区中山手大街 4-16-14
电话 078-221-8851
http://www.gensai-kobe.jp

营业时间 12：00~13：00（L.O.）
　　　　　 18：00~21：00(L.O)

上野大厨是大阪名店浪速割烹"喿川"（创始人上野修三）店主的二儿子，曾在京都的"露庵菊乃井"修行，于 2004 年 7 月在神户开始经营吧台式割烹料理店，店的规模比较小。2014 年搬迁后变为 10 个吧台座位，但在关西地区人气很高。在低矮的吧台后能看见开放式厨房，一睹料理制作的全过程。能够看到每一道料理的制作过程，这对料理爱好者来说很有吸引力。这家店还会和继承了喿川的兄长上野修一起开办"浪速割烹喿川 X 玄斋"料理节，继承了传统料理人基因的两兄弟同台献艺，一起探寻日本料理的新方向，是日本关西地区今后值得期待的日料店之一。

明峰牧夫

食事屋日本料理（たべごと屋 のらぼう）
东京都杉并西荻北 4-3-5
电话 03-3395-7251

营业时间 17：00~23：00（L.O）
休息日 周一

坐落于住宅区的日料店。店名来自于首都圈西部种植的当地蔬菜"norabou 菜"，因此店中使用的蔬菜大多是当地原产。主厨明峰牧夫总说："我想知道能够用这些食材制作出什么。"他每天都会去当地的农家和直销中心选取最新鲜的蔬菜。为了充分发挥食材本身的味道，店内的料理手法都比较简单。味道温和，调味料和饮料都选用了不含添加剂的品种。有 3800 日元和 5000 日元的套餐，人均约 5000 日元 ~6000 日元左右，有 6 个吧台座位，8 个卡座，7 年前有新建了 8 个榻榻米席。复古风格的料理用具和餐具打造出了与众不同的氛围。自 2002 年起正式营业。

五十岚美幸

美虎中餐厅 / 银座美虎
东京都中央区银座 5-7-10 EXITMELSA 7 层
电话 03-6416-8133
http://www.miyuki-igarashi.com

营业时间　11：00~14：00（L.O）
　　　　　17：30~21：00（L.O）
周六日及公休日 11：00~21:00（L.O.）
休息日　依大厦休息日决定

家里经营着中国料理店"广味坊"，
从小就十分熟悉厨房里的环境。师从
吉祥寺的"知味竹炉山房"的山本丰
老师学习料理，后回到家中的"广味
坊大藏 店"担任厨师长。22 岁时参
加了"料理铁人"节目（1997 年），
作为当时最年轻的挑战者，成为了中
国料理界的新星。2008 年 9 月独立
出户，成为了"美虎"的主厨。2016
年 10 月在曼谷开了第一家海外店铺
"MIYU"。2017 年在东京银座开了
"银座美虎"，致力于为客人提供现
代中式料理。单品 1200 日元起售，套
餐 3800 日元起售。50 余种美味可随
时供应。

李南河

李南河韩式料理
东京都涩谷区代官山 20-20 MONCHERI 代
官山 B1
电话 03-5458-6300
http://www.li-ga.com

营业时间 17：00~23：30（L.O.）
休息日　无

2000 年在代官山站前开业的韩国料理
店。主厨李南河大厨曾在法国料理店、
日本料理店等多领域的餐厅进行修行，
店内的料理并不是只靠辣椒和大蒜打
造出辛辣的味觉，而是拥有十分纤细
的独特口味。每月更替的套餐 6000 日
元（不含税），李家火锅套餐 6000 日
元（不含税），李家烤肉套餐 7000
日元（不含税），此外还有很多可单
点的料理。有很多日本人喜爱的刺身
和沙拉，都加入了韩国料理的特色。
2005 年在惠比寿开业了韩国烤肉专门
店"水刺间"，2009 年在京都开业了
比代官山李南河更接地气的"韩国酒
肴先斗町李南河"，并在惠比寿开业
了"HORUMONKINGU"，2015 年 7

月闭店。2013 年开业了京桥"李南河"，
并在大手町开了名为"KOCYON"的
豆腐汤专门店，且在大阪开业了"水
刺间"。2017 年，东京丸之内"水刺间"
成功开业。

图书在版编目（CIP）数据

沙拉厨房：166道沙拉和109种调味汁／日本柴田书店编；
张洋译. —北京：中国轻工业出版社，2019.3
ISBN 978-7-5184-2324-8

Ⅰ.① 沙… Ⅱ.① 日… ② 张… Ⅲ.① 沙拉 – 制作 ② 调味
汁 – 制作 Ⅳ.① TS972.118 ② TS264.2

中国版本图书馆CIP数据核字（2018）第278872号

SALAD · SALAD · SALAD PRO GA TSUKURU 166 NO SALAD TO 109 NO
DRESSING edited by Shibata Publishing Co., Ltd.
Copyright © 2010 Shibata Publishing Co., Ltd.
All rights reserved.
Original Japanese edition published by Shibata Publishing Co., Ltd.
This Simplified Chinese language edition published by arrangement with Shibata Publishing
Co., Ltd., Tokyo in care of Tuttle-Mori Agency, Inc., Tokyo through Shinwon Agency Co.
Beijing Representative Office.

责任编辑：高惠京 杨 迪 责任终审：劳国强 整体设计：锋尚设计
策划编辑：龙志丹 责任校对：晋 洁 责任监印：张京华

出版发行：中国轻工业出版社（北京东长安街6号，邮编：100740）
印 刷：北京博海升彩色印刷有限公司
经 销：各地新华书店
版 次：2019年3月第1版第1次印刷
开 本：787×1092 1/16 印张：12
字 数：200千字
书 号：ISBN 978-7-5184-2324-8 定价：78.00元
邮购电话：010-65241695
发行电话：010-85119835 传真：85113293
网 址：http://www.chlip.com.cn
Email：club@chlip.com.cn
如发现图书残缺请与我社邮购联系调换
171226S1X101ZYW